Maas

Generation Z für Personalmanagement und Führung

Rüdiger Maas

Generation Z für Personalmanagement und Führung

Ergebnisse der Generation-Thinking-Studie

2., aktualisierte und erweiterte Auflage

HANSER

Bibliografische Information der Deutschen Nationalbibliothek:
Die Deutsche Nationalbibliothek verzeichnet diese Publikation in der Deutschen Nationalbibliografie; detaillierte bibliografische Daten sind im Internet unter http://dnb.d-nb.de abrufbar.

Print-ISBN 978-3-446-47673-8
E-Book-ISBN 978-3-446-47746-9

www.hanser-fachbuch.de
Lektorat: Lisa Hoffmann-Bäuml
Layout: Cornelia Speckmaier
Herstellung: Carolin Benedix
Satz: Eberl & Koesel Studio, Kempten
Covergestaltung: Max Kostopoulos
Titelmotiv: © Max Kostopoulos
Druck und Bindung:
Hubert & Co. GmbH und Co. KG BuchPartner, Göttingen
Printed in Germany

FSC www.fsc.org MIX Papier aus verantwortungsvollen Quellen FSC® C016439

Die jungen Unbekannten …

»Ich habe überhaupt keine Hoffnung mehr in die Zukunft unseres Landes, wenn einmal unsere Jugend die Männer von morgen stellt. Unsere Jugend ist unerträglich, unverantwortlich und entsetzlich anzusehen.«

Aristoteles, 384 – 322 v. Chr.

Woher dieses Zitat stammt, ist nicht eindeutig überliefert. Man vermutet, es könnte von Sokrates (470 – 399 v. Chr.) oder von Kenneth John Freeman aus dem Jahr 1907 stammen. Ein Zitat, das man über 2000 Jahre nicht eindeutig zuordnen kann, zeigt eines, dass ein Unverständnis für die Jugend eine anthropologische Konstante sein muss.

Aber wenn wir ehrlich sind, gibt es kaum noch Eltern, die so sprechen, heute sind es vielmehr die Unternehmer und Vorgesetzten.

Haben Sie schon Ihre Erfahrung mit jungen Bewerbern gemacht, die äußerst selbstbewusst sind, die zwar arbeiten wollen, aber nur zu ihren Bedingungen? Die Arbeit soll ausschließlich Spaß machen, Kollegen müssen nett sein... Und der Freiraum muss ebenfalls angemessen sein. Aber bitte ohne Überstunden! Dann hatten Sie wahrscheinlich mit der Generation Z zu tun.

Der Fachkräftemangel führt dazu, dass nicht länger die Arbeitgeber die Arbeitnehmer aussuchen, sondern dass die jungen Arbeitnehmer die Arbeitgeber aussuchen. Sie sollten daher wissen, wie diejenigen, die Sie für Ihr Unternehmen gewinnen oder als Führungskraft leiten wollen, ticken.

Marco war ein neuer Praktikant bei uns und durfte gleich am ersten Tag seines Praktikums zu Terminen mitfliegen. Ich nahm ihn mit in die Business-Lounge und wunderte mich, dass er nichts essen oder trinken wollte. Er habe schon gefrühstückt, und Kaffee trinke er sowieso nicht. Auf dem Rückflug nahm er ebenfalls nichts. Eigentlich ganz vernünftig. Dennoch war ich erstaunt. Ich an seiner Stelle hätte zugelangt. Und wäre begeistert gewesen. Auch darüber, wie Marco gleich am ersten Tag bei einem Geschäftsführer-Meeting dabei sein zu dürfen. Doch Marco ließ sich nicht einmal einen Anflug von Begeisterung anmerken. Als Marco in der Folgewoche Daten erheben sollte, bat er um ein Gespräch. Daten erheben, das sei nichts für ihn. Er wolle anspruchsvolleren Tätigkeiten nachgehen. Dass so was nicht immer möglich sei, dafür hatte er kein Verständnis. Er kündigte.

Viele Unternehmer erlebten Ähnliches. Insgesamt berichteten mir Dutzende, dass sie die Jungen nicht verstehen und nachvollziehen können. So viel mussten sie noch nie entgegenkommen. So wenig kam noch nie zurück. Kurzfristige Absagen, Bewerbungsschreiben mit Rechtschreibfehlern übersät, Anschreiben mit falschem Firmennamen – hörte ich nun fast täglich.

Die Erfahrungen mit der sogenannten Generation Y, der Vorgängergeneration, waren und sind anders gelagert. Die Eigenschaften, die bis dato den Jugendlichen zugeschrieben wurden, passen nicht mehr zu den aktuellen Erlebnissen. Doch vereinzelte Erlebnisse sind das eine. Sie haben wenig Aussagekraft und lassen sich auch nicht verallgemeinern. Ist es wirklich so, dass die aktuellen Jungen so ganz anders sind? Oder sehen wir sie nur anders? Ist es das Vorrecht des Alters, die Jugend kritisch zu betrachten? So wie Aristoteles, Sokrates oder Kenneth Freeman es bereits bis vor 2500 Jahren getan haben? Hat das also mehr mit dem Betrachter zu tun?

Lebenswelten verändern sich, das ist nicht neu. Und mit ihnen auch die Werte der Generationen. Die Wahrscheinlichkeit, dass es Unterschiede zwischen den Generationen gibt, ist dementsprechend hoch. Von welchen Werten wird die Generation Z geleitet? Welche Rolle spielen hierbei Karriere und Beruf?

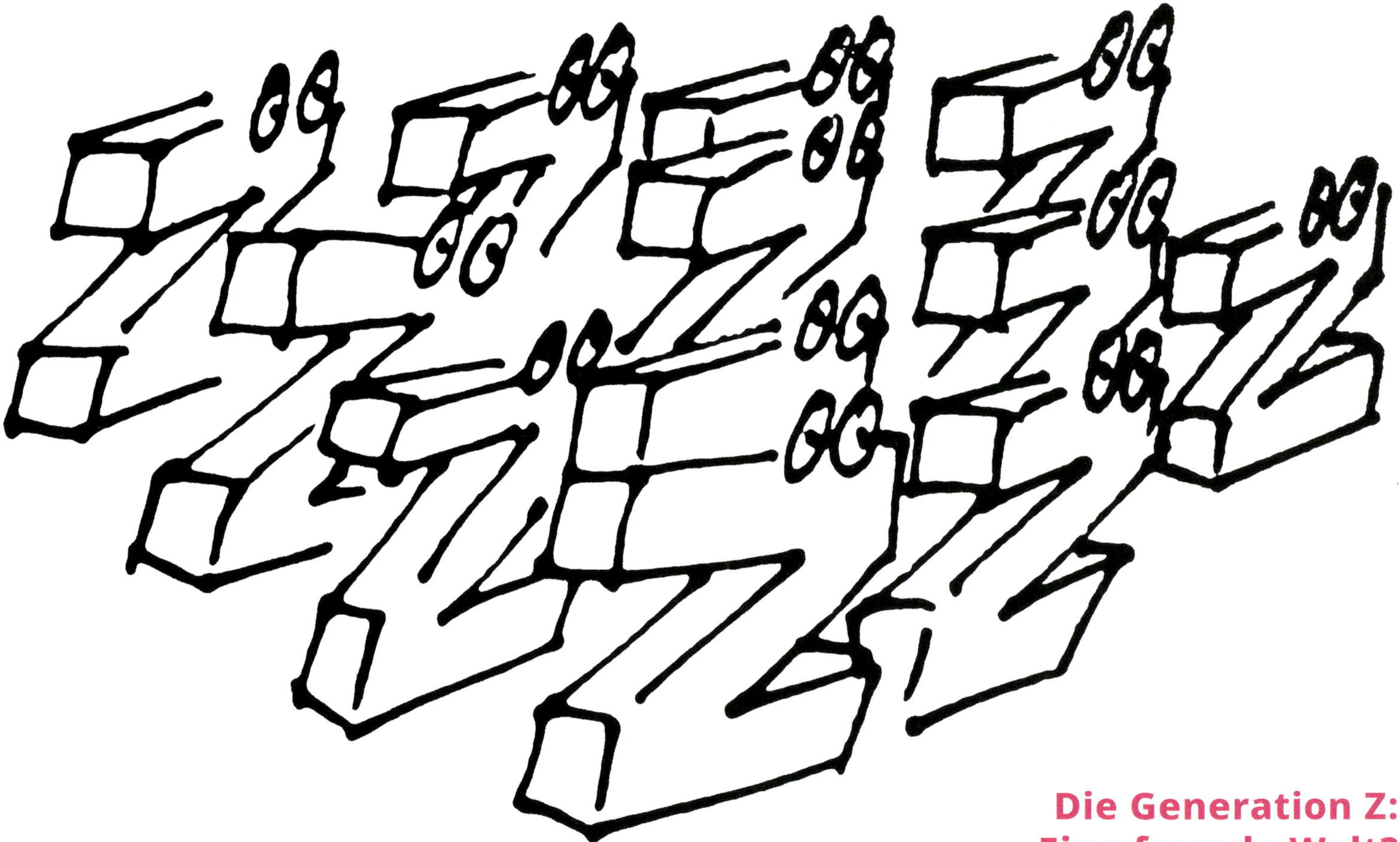

Die Generation Z:
Eine fremde Welt?

Es gibt für die Generation Z in Deutschland kaum wissenschaftlich haltbare Erkenntnisse. Die Datenlage ist nicht ausreichend, um diese Generation zu verstehen. Damit war der Entschluss für eine eigene Studie gefasst. Und die sollte einzigartig sein: bundesweit, wissenschaftlich valide, gemacht für Praktiker.

Ich stellte aus meinem Beratungsteam ein Forschungsteam zusammen, in dem jede Generation vertreten war. Alle haben entweder Psychologie oder Soziologie studiert. Gemeinsam haben wir das Institut für Generationenforschung gegründet. Wir entwarfen ein Forschungsdesign und befragten über 2000 Jugendliche. Immer getrieben von der Frage: Was erwarten diese Jugendlichen von ihrem zukünftigen Arbeitgeber?

Die Ergebnisse sind beeindruckend. Vorurteile wurden bestätigt, aber es gab auch erstaunliche Überraschungen. Mit unserer Studie sind wir Pioniere und haben das erste Mal eine Trennschärfe zwischen den Generationen Y und Z herausgearbeitet. Wir haben die Lebenswelt der Generation Z untersucht, all ihre Einflüsse, Wünsche und Hoffnungen. Das war im Jahr 2019. Die Ergebnisse erschienen in der 1. Auflage dieses Buches. Bis heute, zum Jahr 2022, haben wir unsere Erkenntnisse durch viele weitere Umfragen und Studien bestätigt und erweitert. Viel ist seitdem passiert: Allen voran die Corona-Pandemie mit ihren Auswirkungen auf die Lebenswelten junger Menschen. In regelmäßigen Umfragen erfasste das Institut für Generationenforschung, die Meinung und Stimmung der Generation Z während der pandemischen Zeit.

Zumindest ein Teil der Umfrageergebnisse macht Hoffnung: Denn die Generation Z hält sich wie keine andere Generation an die Regeln, die es während der Pandemie einzuhalten galt: Masken tragen, Abstand halten und Ausgangsbeschränkungen einhalten. Lieber Aristoteles, Sokrates oder John Kenneth Freeman: Ein Schimpfen auf die Jungen, wie es doch häufig die Älteren tun, müsste hier eigentlich durch Lob ersetzt werden.

Im Jahr 2021 haben wir zudem die nächste Generation untersucht, die sogenannte Generation Alpha, Geburtenjahrgänge ab 2010. Um diese junge Zielgruppe zu analysieren, haben wir das pädagogische Personal in Kindertagesstätten, Kindergärten, Kinderhorten sowie Grundschullehrerinnen und -lehrer befragt. Weiter haben wir über 600 Eltern über ihr Erziehungsverhalten interviewt. So viel kann ich Ihnen bereits verraten: Die Kleinsten unter uns wachsen nicht nur mit den digitalen Geräten auf – vielmehr kennen sie gar kein Leben mehr ohne ...

In den folgenden Kapiteln stellen wir Ihnen all unser Wissen bereit. Damit Sie lernen, die Jugendlichen der Generation Z zu verstehen. Und damit Sie in unseren 28 Schritten Ihr Unternehmen für diese Generation und somit für die Zukunft attraktiv aufstellen.

Augsburg, Frühjahr 2023
Rüdiger Maas

Was Sie in diesem Buch erwartet

1

Von Schimmel-Wegschneidern zu Smartphone-Symbiotikern

Die Generation Z tickt völlig anders als all ihre Vorgängergenerationen – und hat ganz andere Ansprüche an Arbeitgeber.

Ausgeschrieben wurde eine Office-Managerin-Stelle in Vollzeit. Beworben hat sich Katharina, 21 Jahre jung, mit Wunsch, in Teilzeit zu arbeiten. Die einzige Bewerbung seit über einer Woche. Nun wollte man es wissen und bat sie zum Vorstellungsgespräch. Schnell kam man zur Frage, wieso eine 21-Jährige nur 30 Stunden arbeiten möchte? Sie möchte mehr Freizeit, um sich dem Tierwohl zu widmen. Warum? Ja richtig, damit sie sich mehr um artgerechte Tierhaltung kümmern kann: Tierwohl statt Unternehmenswohl. Aus einem Gespräch über eine Vollzeitstelle Office-Management wurde ein Gespräch über artgerechte Tierhaltung. Dennoch: Beide Seiten einigten sich – zu den Konditionen der Bewerberin: mehr Urlaub, höherer Lohn und kürzere Arbeitszeit. Doch dann, einen Tag vor der Vertragsunterzeichnung, die Absage …

Geschichten wie die von Katharina oder dem im Vorwort erwähnten Marco sind keine Einzelfälle. Katharina und Marco gehören der sogenannten Generation Z an.

Welche Generationen gibt es überhaupt? Wer erzieht denn die jetzige Jugend? Wie wurde sie sozialisiert? Wie alt werden in der Regel deren Eltern sein, wie waren wiederum deren Eltern? Mit diesen Fragen beschäftigt sich die Generationenforschung.

Sozialisationsphase

Die Sozialisationsphase bzw. Sozialisation beschreibt das Einordnen und Anpassen eines Menschen (Individuums) an die Gesellschaft, in der dieser aufwächst. Diese Phase umfasst das Kindes- und Jugendalter. Während der Sozialisationsphase werden Werte und Normen verinnerlicht und es wird eine relativ stabile Identität ausgebildet. Diese Identität wird durch verschiedenste Faktoren geprägt: Neben den individuellen Merkmalen, die jeder Mensch durch seine Geburt mitbekommt, sind es die Erziehung, Bildungsinstitutionen (Kindergärten, Schulen etc.), das soziale Umfeld und die gegenwärtigen politischen, ökonomischen und ökologischen Rahmenbedingungen, die Einfluss auf die menschliche Identität nehmen.

Jede Generation hat ihre besonderen Spezifika. Ging es früher häufig ums blanke Überleben, so spielen bei den jüngeren Generationen eher Selbstverwirklichungsaspekte die zentrale Rolle.

Die Grundlagen der Generationenforschung schuf der Soziologe Karl Mannheim 1920 mit den ersten Theorien über Generationen. Aufgegriffen wurde dieses Thema erst lange Zeit nach dem Zweiten Weltkrieg, als die sogenannte Nachkriegsgeneration erforscht wurde. Die Generation der Babyboomer ist in einem Umfeld aufgewachsen, in dem die Erwachsenen einen Krieg erlebt haben, der alles davor Dagewesene in den Schatten stellte. Das Leid war unendlich groß, darüber gesprochen wurde nicht. Diese Extremerfahrung, die Millionen von Menschen erlebt haben, und das anschließende Schweigen übertrugen sich auf die Kinder und prägten diese Generation stark.

Generationenforschung

Generationenforschung macht sichtbar, welche einzigartigen Merkmale die verschiedenen Generationen aufweisen. Generationen sind von wirtschaftlichen, kulturellen, sozialen und ökologischen Umständen und Veränderungen abhängig und dadurch auf gleiche Art und Weise geprägt. Auf Basis dieser Erkenntnis entwickelte der Soziologe Karl Mannheim im Jahr 1928 die erste Theorie der Generationenforschung. Veröffentlicht in seinem Essay »Das Problem der Generationen«. Während sich Generationen früher in ihren Wertvorstellungen langsamer gewandelt haben (wenig gesellschaftliche Veränderungen), geschieht das in der Moderne deutlich schneller. Mannheim fasste alle Personen, die in einem Zeitraum mit ähnlichen Einflüssen geboren wurden, zu einer Generation zusammen. Er verwendete für seine Einteilung damals 15 Jahresschritte, allerdings gibt er keine genaue Auskunft über den Zeitraum an, den eine Generation umfassen sollte. In den Populärwissenschaften halten sich jedoch 15 Jahre als Einteilung für Generationen bisher hartnäckig. Damit versteht die Populärwissenschaft Mannheims Theorie der Generationen aber falsch: Denn er ging davon aus, dass sich Generationen in Abhängigkeit der gesellschaftlichen Umstände herausbilden. Wie lange es also dauert, bis eine neue Generation entsteht, kann nicht im Voraus gesagt werden und ist wesentlich davon abhängig, wohin die Reise einer Gesellschaft geht (vgl. Maas 2021c, S. 42. zit. n. Mannheim 1928). Dass es eine neue Generation gibt, muss daher immer bewiesen werden.

(Mannheim, K. 1964, S. 509 – 565)

Die Babyboomer-Generation ist die Generation der Vielen! Ob es um Ausbildungsplätze oder um Rentenansprüche geht, immer wird es eine große Anzahl von Personen geben, die das Gleiche wollen.

Die Jugendlichen der Nachkriegsgeneration hatten ausnahmslos den Zweiten Weltkrieg erlebt. Es prägte einen, wenn das Essen knapp war, dass bestimmte Themen, wie die Erfahrungen des Vaters an der Front, tabu waren und es nur die Chance gab, nach vorne zu blicken. Das ist die Generation, die bis zum Schluss den Schimmel beim Brot wegschnitt, aber nicht das Brot wegwerfen konnte. Gefühle wurden nicht gezeigt, Umarmungen wirkten hölzern.

Die Kriegs-/Nachkriegsgeneration

Unsicherheit, Angst und traumatisierte Kriegsrückkehrer führten bei vielen Angehörigen dieser Generation zu emotionalen Blockaden und geringem Selbstwertgefühl. Die Erfahrungen der Kriegs-/Nachkriegsgeneration prägten auch den Erziehungsstil dieser Generation. Und damit auch die Generation der Babyboomer.

Die Wirtschaft boomt, VW hat den millionsten Käfer produziert und die Geburtenrate ist so hoch wie seit Jahrzehnten nicht mehr. Wer fleißig ist, kann viel erreichen. Die Babyboomer-Generation will mehr. Mehr Mitsprache, mehr Transparenz, mehr Gleichberechtigung, aber auch mehr Erfolg. Es ist nicht verwunderlich, dass diese Generation die 68er-Bewegung hervorbrachte. Prägend war für diese Generation die hohe Geburtenrate, die eine hohe Konkurrenz auf dem Arbeitsmarkt mit sich brachte. Auf eine Stelle gab es 30 Bewerber; egal ob Studienplatz oder Arbeitsplatz, alles war schon irgendwie besetzt. Dazu immer wieder die relativ strikte und aus heutiger Sicht distanzierte Erziehung ihrer Eltern. Man war dankbar, einen Job zu haben, den man in der Regel bis zur Rente auch ausübte.

Babyboomer-Generation

Die Babyboomer-Generation umfasst die Jahrgänge 1950 bis 1964, da deren Mitglieder zu Zeiten stark steigender Geburtenraten nach dem Zweiten Weltkrieg geboren worden sind. Sie ist die erste Generation, die im Zuge des Wirtschaftswunders die Vorzüge der Massenproduktion von Gütern wie Autos und Kühlschränken kennenlernte. Ihre Prägung ist vor allem durch Wirtschaftswachstum und sich schnell verbessernde Lebensumstände gekennzeichnet. Aber auch durch viele Mitbewerber auf dem Arbeitsmarkt. Aus dem Arbeitsmarkt werden in den kommenden Jahren die letzten Vertreter der Babyboomer-Generation austreten – einige sind bereits im Ruhestand.

Die Folgegeneration, die Generation X, waren die Kinder der Nachkriegs- oder der Babyboomer-Generation. Waren die Eltern jung und somit Teil der Babyboomer-Generation, war es

Die Art der Wissensaufnahme und wie wir kommunizieren prägen unser Denken, unsere Kreativität, wie wir an Probleme herangehen oder auch welche Frustrationstoleranz wir haben.

für die Eltern kein Problem, altes Brot wegzuschmeißen. Die Erziehung verlief in der Regel liberaler als bei Eltern aus der Nachkriegsgeneration. Prägend für diese Generation waren der Kalte Krieg und der Super-GAU in Tschernobyl.

Generation X

Die Generation X steht für die Jahrgänge 1965 bis 1980 und ist in der Arbeitswelt die Generation, die den Takt angibt. Der Großteil der Positionen im Management werden durch »Xler« bekleidet. Ihre Vorstellungen von Arbeit prägen die derzeitige Arbeitswelt am meisten – sie unterscheidet sich jedoch auch stark von den jüngeren Generationen. Die Mitglieder der Generation X sind eher individualistisch geprägt und legen verstärkten Wert auf einen hohen Lebensstandard, aber auch genügend Freizeit neben dem Beruf.

Die Generation X hat ein geteiltes Deutschland erlebt und durfte plötzlich keine Pilze mehr essen. Die meisten lebten relativ wohlhabend. Irgendwie hatte jeder einen Walkman und später einen Gameboy. Schulnoten waren sehr wichtig, und man war stolz, auf dem Gymnasium zu sein. Von 100 eingeschulten Schülern schafften gerade mal 17 das Abitur. Es war nicht unüblich, denselben Beruf wie der Vater zu ergreifen oder sogar in der gleichen Firma zu arbeiten. Im Studium wurde es schon schwieriger, denn bei den wirklich interessanten Studiengängen war oft ein Numerus clausus die Zugangshürde. Beim Bewerbungsschreiben ließ man drei weitere Familienangehörige drüberlesen, denn nichts war peinlicher als ein Rechtschreibfehler. Beim Vorstellungsgespräch war man viel zu früh da, konzentrierte sich auf einen festen Händedruck, einen ordentlichen Anzug oder ein ordentliches Kostüm, ein freundliches Gesicht. Hat man die Stelle bekommen? Wenn nicht, wäre es die eigene Schuld gewesen.

Die Nachfolgegeneration, die sogenannte Generation Y, wuchs mit dem Internet und teilweise mit Handy auf. Das unterscheidet sie erheblich von den vorherigen Generationen.

Generation Y

Zwischen 1981 und 1994 Geborene werden als Generation Y bezeichnet, sinnbildlich steht das Y für »why« aus dem Englischen: Die Arbeitnehmergeneration der Generation Y zeichnete sich wie noch keine Generation zuvor durch die Suche nach einem tieferen Sinn in der Arbeit aus. Ihre Wertausrichtung ist leistungs- und karriereorientiert. Sie fordern von Arbeitgebern Flexibilität und Work-Life-Blending.

Mitglieder dieser Generation werden Digital Natives genannt, sie erlebten in jungen Jahren die massenhafte Verbreitung des

Das Denken und Hineinfühlen in die jeweiligen Generationen ist Basis erfolgreicher Personalarbeit und Führung. Auch zu bedenken: Heterogene Teams sind kreativer und erfolgreicher!

Internets. In der Arbeitswelt forderte die Generation Y Homeoffice, Praktika, aber auch eine Sinnhaftigkeit und Nachhaltigkeit im Beruf. Dem »why« eben. Viele von den jüngeren Menschen konnten sich lange nicht entscheiden, was sie werden wollten. Sie stiegen auch relativ spät in den Beruf ein. Wesentlich später, als es bei den Vorgängergenerationen üblich war. Auch sonst hat sich viel verändert. Die Generation Y hat sich noch mit großer Praktikumserfahrung beworben. Sie war erstaunlich leicht durch ein eigenes MacBook, Homeoffice und Work-Life-Blending, also der Verschmelzung von Arbeits- und Privatleben, zu begeistern.

Die jetzige Jugend passt nicht mehr in das Bild der Generation Y. Denn: Die aktuellen Jugendlichen sind nicht nur Digital Natives, sie sind Social Media Natives.

Zu den verschiedenen Generationen gibt es viel Wissen. Wirklich interessant für Arbeitgeber ist aber die aktuelle Jugendgeneration. Die, zu der auch Katharina und Marco gehören. Die Generation, die als Arbeitnehmer vollkommen anders tickt – das ist die sogenannte Generation Z. Das Z ist in erster Linie dem Namen der Vorgängergeneration Y geschuldet. In der US-amerikanischen Literatur ist manchmal sogar die Rede von Generation Zombie – weil diese Generation so oft auf das Smartphone schaue. An der Hochschule Augsburg zum Beispiel hat die Stadt Augsburg beim Fußgängerüberweg Ampeln im Boden installieren lassen. Diese liegen eher im Blickfeld, wenn man seinen Blick nach unten, auf das Smartphone, gerichtet hat (vgl. ntv 2016, o. S.). Aber auch von der Generation »snowflake« ist die Rede, denn ihre Eltern sehen ihre Kinder zwar als einzigartig, aber auch als sehr verletzlich an – eben wie eine Schneeflocke. Die Generation Z umfasst die Jahrgänge 1995 bis 2009. Ein Teil dieser Jugendlichen ist also schon im Beruf, ein anderer aber noch in Ausbildung und Studium.

Machen Sie sich Gedanken über die Lebenswelten Ihres Gegenübers. Versuchen Sie, die Perspektive der anderen Generationen einzunehmen. In Generationen denken ist erlernbar und heute eine der wichtigsten Fähigkeiten, die in der Arbeit mit Menschen gefordert werden.

Wichtig ist dabei, dass wir anderen Generationen gegenüber so weit wie möglich vorurteilsfrei sind und die Perspektiven der anderen nicht bewerten. Denn warum jemand in einer bestimmten Weise handelt, warum er etwas denkt oder fühlt, kann auch von seiner Zugehörigkeit zu einer Generation abhängig sein. Wenn wir einer anderen Generation angehörig sind als unser Gegenüber, ist es oft schwer, die Perspektive des anderen nachzuvollziehen. Wir müssen daher lernen, Andersartigkeit zu akzeptieren und einsehen, dass wir uns Perspektiven von anderen Generationen womöglich nicht erklären können. Und auch nicht müssen! Zeigen wir stattdessen Verständnis, können wir uns ein Stückchen auf die Anderen einstellen.

2 Das Studiendesign

»Alles messen, was messbar ist – und messbar machen, was noch nicht messbar ist.«

(Galileo Galilei, 1564 – 1642)

Mit unserem Team aus Psychologen und Soziologen erstellten wir einen umfangreichen Fragebogen. In Interviews mit Angehörigen der Generation Z besprachen wir die Fragen. So konnten wir herausfinden, welche Fragen wirklich interessant sind. Nur wer sich auf die Zielgruppe einlässt, kann auch gute Fragen stellen. Nachdem der Fragebogen zusammengestellt und statistisch überprüft worden war, testeten wir ihn bei Jugendlichen auf Verständlichkeit. Erst dann wurde der Einsatz im Feld möglich.

Am schwierigsten bei solchen Studien ist das Gewinnen von Befragten. Sie sollten ein Abbild der gesamten Gesellschaft, also repräsentativ sein. Deshalb sprachen wir Jugendliche der Generation Z aus allen Bildungseinrichtungen und Bundesländern an. Ein repräsentatives Stichprobendesign.

Zu unserer großen Überraschung war das gar nicht so schwer. Die meisten Leiter von Schulen, Ausbildungsakademien und Hochschulen zeigten sich sehr interessiert an den Ergebnissen, waren dankbar, denn sie hatten dieselben Erfahrungen wie wir gemacht. Wir rannten offene Türen ein. Die Leiterin einer Ausbildungsakademie mit über 3000 jugendlichen Auszubildenden sagte: »Bitte führen Sie die Befragung bei uns durch. Ich mach den Job seit 20 Jahren. Aber diese Generation verstehe ich nun wirklich nicht mehr.«

Die Erhebung erfolgte in zwei Phasen: In den meisten Bildungseinrichtungen waren wir vor Ort mit Hunderten von Seiten Papier in der Hand. Wir gingen von Klasse zu Klasse mit unseren Fragebögen. Immer wieder erklärten wir unser Forschungsvorhaben. Die meisten Jugendlichen hatten Spaß am Ausfüllen des Fragebogens. Auch die Lehrkräfte waren sehr offen für unser Vorhaben – und zeigten sich interessiert. Im Anschluss sammelten wir alle Bögen immer wieder ein, um eine möglichst hohe Rücklaufquote zu gewährleisten.

Parallel dazu streuten wir unseren Fragebogen online zum Beispiel über Social-Media-Kanäle und befragten so die Jugendlichen verschiedener Schulen und Hochschulen bundesweit.

Facebook

Mark Zuckerberg programmierte 2003 die Internetseite Facemash.com, den Vorgänger von Facebook. Ein Portal, auf dem jeweils die Attraktivität zweier Fotos seiner Kommilitoninnen zu bewerten waren. So groß der Ansturm auf die Seite war, so schnell wurde sie von der Universitätsleitung aus dem Verkehr gezogen. Grund: Die Fotos der Studentinnen wurden ohne deren Einwilligung veröffentlicht. Zuckerberg war anscheinend immer schon spinnefeind mit dem Datenschutz. Ein Jahr später brach Zuckerberg sein Studium ohne Abschluss an der Harvard University ab. Fünf Jahre später wurde er Milliardär. Sein Unternehmen, das seit 2021 den Namen »Meta« trägt, machte 2021 einen Umsatz von etwa 118 Mrd. US Dollar und hat 71 970 Mitarbeiter (vgl. Meta 2022, S. 1).

Insgesamt sieben Monate dauerte es, bis wir die Erhebungsphase beenden und die Ergebnisse unserer Forschung analysieren konnten.

Wichtig ist hervorzuheben, dass wir nicht wahllos Jugendliche befragten. Für unser Interesse haben wir uns dafür entschieden, nur die Jahrgänge 1995 bis 2001, also die zum Zeitpunkt der Erhebung 16- bis 23-jährigen Jugendlichen, zu befragen. Aus welchem Grund? Wenn es um berufsbezogene Ansichten geht, sind z. B. Aussagen von Zwölfjährigen schwer zu interpretieren. Für junge Jugendliche spielt der Beruf noch keine so große Rolle – dementsprechend sind sie sich ihrer Wünsche an Arbeitgeber etc. auch nicht immer bewusst. Oder diese sind in vielen Fällen auch unrealistisch. So heißt der Wunschberuf vieler Zwölfjähriger noch Feuerwehrmann oder YouTube-Star.

Genauso wichtig war es, unsere Studienergebnisse mit Ergebnissen älterer Studien vergleichen zu können. Es ist nicht immer sinnhaft, Befragungsergebnisse alleinstehend zu interpretieren. Mithilfe von Vergleichsdaten sind Trends und Entwicklungen feststellbar. Durch diesen Wunsch geleitet, übernahmen wir einige Fragen aus einer bundesweiten Jugendstudie des Deutschen Jugendinstituts München (DJI) aus dem Jahr 2002. Die Ergebnisse dieser Studie konnten wir damit direkt einigen Ergebnissen unserer Studie gegenüberstellen. So gewannen wir eine spannende Vergleichsmöglichkeit, wie sich die Einstellungen Jugendlicher innerhalb von 17 Jahren in Deutschland verändert haben. Dieses Vorgehen unterscheidet sich erheblich von Studien, die gleichzeitig Mitglieder unterschiedlicher Generationen befragen. Werden beispielsweise Jugendliche der Generation Z und Erwachsene der Generation Y befragt und die Ergebnisse gegenübergestellt, lassen sich Unterschiede nicht auf eine Generationenprägung zurückführen. Denn um zu untersuchen, ob sich die Einstellungen einer Generation von denen einer anderen Generation unterscheiden, müssen die betreffenden Personen im gleichen Alter untersucht werden. Eine Person mit 20 Jahren hat aufgrund der Lebensphase und unabhängig von der Generation andere Wertvorstellungen und Interessen als eine 35-jährige Person. Wird das nicht beachtet, werden sogenannte Alterseffekte nicht berücksichtigt und liefern falsche Ergebnisse.

Unsere insgesamt 91 Items des Fragebogens haben wir in folgende Themenkomplexe gegliedert:

- Demografische Daten (Alter, Bildung, Geschlecht etc.)
- Gewünschtes Verhältnis zwischen Berufs- und Privatleben
- Erwartungen an den Arbeitgeber
- Ideale Kanäle für Stellenanzeigen
- Einschätzung von Recruitingtrends wie »Recruitainment«
- Gewünschte Verantwortung im Unternehmen (Führung, Betriebsrat etc.)
- Gewünschte Arbeitszeitmodelle und Arbeitszeiten
- Wichtigste Werte im Leben (z. B. ehrgeizig sein, ein spannendes Leben führen)
- Wichtigste Lebensbereiche (z. B. Familie, Beruf)
- Wichtigste Merkmale eines Berufs
- Wunsch nach Homeoffice
- Subjektive Zukunftsaussichten auf dem Arbeitsmarkt
- Geschätzte Häufigkeit des Arbeitgeberwechsels die nächsten Jahre
- Medienverhalten und Mediennutzung

Nachdem wir die Ergebnisse analysiert hatten, waren wir erstaunt. Und stachelten uns an, weiterzuforschen. Wir konnten zeigen, dass die Generation Z völlig anders tickt als all ihre Vorgängergenerationen – und ganz andere Ansprüche an Arbeitgeber hat.

Viele Unternehmen sind heute immer noch nicht auf diese Entwicklung vorbereitet. Sie wissen nicht einmal etwas von unterschiedlichen Generationen am Arbeitsplatz, geschweige denn haben Sie Strategien oder Konzepte entwickelt, um sich darauf einzustellen.

Diese Lücke wollten wir schließen. Durch unsere Studie. Durch einen Workshop, den wir »Generation-Thinking« nennen (www.generation-thinking.de). Noch viel mehr aber durch das Institut für Generationenforschung, das wir extra zu diesem Zweck gegründet hatten. Damit war der Grundstein für weitere hoch spannende Generationenforschungen gelegt.

Weitere Besonderheiten der Generation Z und Alpha
(Auszug aus diversen Forschungsarbeiten des Instituts für Generationenforschung)

- Im Jahr 2021 führten wir die Generation Alpha Studie durch. Hier befragten wir über 1000 pädagogische Fachkräfte zu ihrer professionellen Einschätzung der Kinder in ihrer Gruppe und glichen die Ergebnisse mit einer Befragung unter Eltern ab. Eltern schätzen ihre Kinder nicht nur häufig anders ein als die pädagogischen Fachkräfte, sondern die pädagogischen Fachkräfte machten zudem eine stark steigende Zahl an Auffälligkeiten bei den Kindern fest.

- Ebenfalls 2021 untersuchten wir die Einstellungen und Meinungen unterschiedlicher Generationen zur Finanz- und Versicherungsbranche. Dass die Finanz- und Versicherungsbranche von Geschlechterstereotypen geprägt ist und bei vielen jungen Menschen in ihrer herkömmlichen Form kaum Interesse hervorruft, zeigten unsere Ergebnisse.
- Seit Beginn der Corona-Pandemie führen wir regelmäßig repräsentative Befragungen unter der Bevölkerung in Deutschland durch. Auf diese Weise stellen wir Trends dar, ziehen Vergleiche und erstellen Prognosen. Hier konnten wir ein charakterisierendes Merkmal der Generation Z ausmachen: die Regeltreue.
- Zusammen mit dem 1. FC Köln befragten wir 2022 über 5500 Fans. Wir konnten zeigen, dass sich mit digital versierten Fans auch das traditionelle Fußballerlebnis wandeln muss.

3

So lebt und denkt die Generation Z

» Die Jugend liebt heutzutage den Luxus. Sie hat schlechte Manieren, verachtet die Autorität, hat keinen Respekt vor den älteren Leuten und schwatzt, wo sie arbeiten sollte. Die jungen Leute stehen nicht mehr auf, wenn Ältere das Zimmer betreten. Sie widersprechen ihren Eltern, schwadronieren in der Gesellschaft, verschlingen bei Tisch die Süßspeisen, legen die Beine übereinander und tyrannisieren ihre Lehrer«

(Sokrates, ca. 470 – 399 v. Chr.)

Stark prägend sind für Generationen die derzeitigen Verhältnisse auf dem Arbeitsmarkt. Sehen Jugendliche bei Freunden, dass sie Probleme bei der Jobsuche haben? Oder können sich die Leute im Umfeld den Job frei aussuchen? Solche Fragen sind entscheidend dafür, wie eine Generation zum Berufsleben steht. Und vor allem: Was sie von Arbeitgebern erwartet. Für die Generation Z ist die Lage auf dem Arbeitsmarkt besser denn je: Denn die Jugendarbeitslosigkeit liegt im Jahr 2022 nur bei 5,8 %. Im Jahr 2018 lag sie bei 6,4 %. Zum Vergleich: Im europäischen Ausland, vor allem in Spanien, Griechenland, Italien und Schweden, liegt sie zwischen 23 und 33 % (vgl. Urmersbach 2022, o. S.).

Damit wir die Jugendlichen der Generation Z besser verstehen können, mussten wir einen genaueren Blick auf ihre Lebenswelt werfen. Wie sind sie eigentlich aufgewachsen und was ist anders? Warum haben sie ein völlig anderes Verständnis von normal? Wie denken sie über ihre Welt und die der anderen nach?

3.1 Generation selbstbewusst

Die Generation Z, nennen wir sie Zler, sind so gut ausgebildet wie noch keine Generation zuvor. Über 50 % können und dürfen studieren. Und es haben prozentual noch nie so viele Jugendliche studiert wie heute. Das verzögert den durchschnittlichen Berufseinstieg – und macht sie dadurch länger finanziell abhängig.

Die Generation Z profitiert stark vom demografischen Wandel. Zukünftig werden viele Stellen für verhältnismäßig wenige Jugendliche frei sein. Die Generation Z wird also mit viel Rückenwind auf den Arbeitsmarkt befördert. Die niedrige Gesamtarbeitslosenquote der vergangenen Jahre in Deutschland – im Jahr 2020 5,9 %, im Jahr 2021 5,7 % und im Jahr 2022 5,3 % (vgl. Statista Research Departement 2021, o. S.) – führt zusätzlich dazu, dass sich Firmen schwertun werden, gute Mitarbeiter zu finden oder zu bekommen. Arbeitnehmer suchen sich den Job aus, nicht andersherum. Und der muss ihnen gefallen und Spaß machen:

> *»Wir haben keine Lust auf unmenschliche Arbeit und unfreundliche Kollegen. Wenn ich jeden Tag ins Büro gehe, möchte ich mich dort auch wohlfühlen. Klar geht's um Arbeit, aber ich bin ja jeden Tag dort. Da muss ich mich schon wohlfühlen und die Leute mögen.«*
>
> (Berufsschülerin Claudia aus Berlin, Teilnehmerin unserer Befragung)

Die »eigene Familie« gewinnt an Bedeutung

Für Frauen ist die »eigene Familie« nach wie vor wichtiger als für Männer. Aber die Geschlechter nähern sich an! Insgesamt ist für Generation Z die »eigene Familie« signifikant wichtiger als für Generation Y. Personen unterschiedlichen Geschlechts der Generation Z zeigen bei unseren Umfragen im Vergleich zu anderen Generationen häufig ein homogeneres Ankreuzverhalten. Bei älteren Generationen hingegen antworten die Geschlechter unterschiedlicher.

Das zeigt unsere Studie auch in überraschend eindeutiger Weise: Über 80 % blicken sehr positiv und selbstbewusst auf die Arbeitswelt. Die Generation Z kommt aus behüteten Verhältnissen ohne nennenswerte materielle Zukunftsängste – sie kennen es nicht anders. Sie haben im Endeffekt auch nichts zu verlieren. Sie können nicht tief fallen, das Auffangnetz der Eltern ist quasi direkt unter ihnen und immer für sie da.

3.2 Generation Wertewandel

Der Optimismus dieser Generation ist berechtigt. Egal ob im Osten, Westen, Norden oder Süden Deutschlands. Überall hören wir von Kunden, die enorme Anstrengungen unternehmen, sich für junge Leute attraktiv aufzustellen. Dafür wenden viele Firmen mittlerweile viel Zeit und Geld auf. Sie merken: Wenn ich nicht auf mich aufmerksam mache, bricht mir der Nachwuchs weg. Da ist es wesentlich, diese Zielgruppe auch zu kennen. Die Generation Z vertritt eigene Werte. Heute wird mehr Wert darauf gelegt, das eigene Leben zu genießen. Früher standen an dieser Stelle Werte wie Fleiß und Gehorsam. Das klingt für die Generation Z nach einer Erzählung alter Tage. Sie definieren sich eben nicht nur über die Arbeit. Was in der Freizeit getan wird, Hobbys, Reisen, Mode – diese Dinge sind viel wichtiger. Wie das beurteilt wird, hängt vom Auge des Betrachters ab. Für Unternehmer und Personaler jedenfalls eine Herausforderung.

Diesem Anspruch werden die meisten Arbeitgeber bei Weitem nicht gerecht. Die Abbruchquote bei Auszubildenden liegt zurzeit bei 25 % – so hoch wie schon lange nicht mehr.

Tabelle 3.1 Bewertung arbeitsbezogener Aspekte

	Eher ja	Eher nein
Außerhalb der Arbeitszeiten für Vorgesetzte erreichbar sein?	44,4 %	27,6 %
Nach Feierabend arbeitsrelevante Mails lesen?	40,1 %	26,8 %
Führungsverantwortung übernehmen?	58,3 %	11,3 %
Gewünschtes Engagement als Auszubildenden- oder Arbeitgebervertreter/in?	41,3 %	21,6 %
Obligatorische Freizeitangebote am Arbeitsplatz?	19,4 %	44,4 %
Wahrgenommene Zukunftschance auf dem Arbeitsmarkt	42,5 %	9,4 %
Verhältnis Zeit/Geld?	29,9 %	22,0 %
Gewünschte Trennung von Berufs- und Privatleben?	47,7 %	10,1 %
n = 2145; Quelle: Institut für Generationenforschung, 2018, Daten wurden mittels einer Likert-Skala mit fünf Ausprägungen dargestellt, mittlere Kategorie nicht dargestellt		

3.3 Generation Freizeit

Unsere Studie belegt deutlich, dass sich das Verhältnis zwischen Beruf und Freizeit im Vergleich zu den Jugendlichen im Jahr 2002 stark verändert hat. Die Zler finden Freizeit und Familie deutlich wichtiger als Karriere oder Geld. Bei der Generation Y war das noch nicht so. Das heißt nicht, dass Unternehmer weniger Gehalt zahlen brauchen. Heißt auch nicht, die Generation Z möchte kein Geld verdienen. Sie wird nach wie vor zu Firmen gehen, die besonders gut zahlen. Aber es bedeutet, dass der Job nicht an erster Stelle steht. Soziale Kontakte sind wichtiger. Das alles unter einen Hut zu bekommen, ist für die Jugendlichen von großer Bedeutung.

»Ich möchte nicht so viel arbeiten wie meine großen Geschwister. Wenn ich meine Freundschaften nicht mehr pflegen kann, dann bringt mir Geld auch nichts.«

(Abiturient Kevin aus Stuttgart, Teilnehmer unserer Befragung)

Homeoffice und Mobile Office

Wussten Sie, dass der Begriff Homeoffice ein eingedeutschter Begriff ist, den es im englischen Sprachgebrauch nicht gibt? Dort spricht man von »telework«, also Fernarbeit.

Tabelle 3.2 Einschätzung grundlegender Werte (Verteilung der Antworten auf definierte Antwortkategorien)

Frage: »Auf einer Skala von »1 = überhaupt nicht wichtig« bis »10 = sehr wichtig«, wie wichtig schätzen Sie das Folgende ein?«				
	Generation Z		Generation Y	
	Skalenwerte 7 + 8	Skalenwerte 9 + 10	Skalenwerte 7 + 8	Skalenwerte 9 + 10
Ehrgeizig sein	43,4 %	36,0 %	39,1 %	32,2 %
Ein aufregendes, spannendes Leben führen	37,8 %	35,9 %	36,4 %	29,0 %
Eigene Fähigkeiten entfalten	35,7 %	52,5 %	37,2 %	50,2 %
Rücksicht auf andere nehmen	32,7 %	46,1 %	40,1 %	39,3 %
Eigene Familie und Kinder	21,6 %	51,7 %	25,8 %	40,0 %
Beruf und Arbeit	46,2 %	29,7 %	40,6 %	33,3 %
Hohes Einkommen	39,6 %	28,2 %	39,6 %	35,4 %
Ein Beruf, der einem genügend Zeit für die Familie lässt	27,7 %	54,0 %	33,4 %	50,0 %
Freizeit und Erholung	30,4 %	55,9 %	31,7 %	56,0 %

n = 2418; Quelle: Erhebung Institut für Generationenforschung, 2022, Wiederholung der Generation-Thinking-Befragung 2018, Konzeption des Fragebogens: Deutsches Jugendinstitut München – Jugendsurvey 2000;
Anmerkung: Die Antwortkategorien (Skalenwerte) »7 + 8« und »9 + 10« sind kumuliert dargestellt und der Generationenzugehörigkeit gegenübergestellt.

3.4 Generation angenehmes Arbeitsklima

Aus guten Aussichten auf dem Arbeitsmarkt und materiellem Wohlstand entstehen eigene Ansprüche. Das sind Treiber für besondere Bedürfnisse. Stellen Sie sich vor, Sie suchen als Jugendlicher nach einem geeigneten Job, der allerdings schwierig zu bekommen ist. Wo machen Sie Abstriche? Beim Gehalt? Beim Arbeitsklima? Bei der Tätigkeit? Möglicherweise sind Sie erst mal froh, überhaupt einen Job zu bekommen. Alles andere ist zweitrangig. Für die Zler ist es selbstverständlich, dass der Arbeitgeber die Dinge bietet, die sie sich wünschen. Dass sie etwas Geeignetes finden, das gilt als selbstverständlich und nicht als etwas Besonderes.

Die Attraktivität eines Arbeitgebers wird heute bedeutend durch das Arbeitsklima bestimmt. Unsere Studie zeigt, dass ein angenehmes Arbeitsklima die wichtigste Erwartung der Generation Z an den Arbeitsplatz ist. Und das blieb auch während der Corona-Pandemie so. Als wir die Generation Z während der Corona-Pandemie 2022 befragten und mit unseren Erhebungsergebnissen von 2018 verglichen, stellten wir zudem fest, dass die Bedeutung einer sicheren Berufsstellung abgenommen hat. Und das trotz der Corona-Pandemie. Dass immer mehr Zler einen Beruf mit viel menschlichem Kontakt unwichtiger einschätzen, könnte mit der negativen Situation für Angehörige sozialer Berufe während der Corona-Pandemie zusammenhängen. Dinge wie Homeoffice oder die Innovativität einer Firma hingegen sind für die Generation Z relativ unbedeutend. Das hat in den vergangenen Jahrzehnten sogar generationenübergreifend zugenommen.

Tabelle 3.3 Subjektive Bedeutung verschiedener Eigenschaften hinsichtlich Beruf und Arbeit

Frage: »Für wie wichtig halten Sie persönlich diese Merkmale für Ihre berufliche Arbeit?«			
	Befragung 2018	Befragung 2022	Differenz Befragung 2018 und 2022
Angenehmes Arbeitsklima	88,4 %	83,5 %	4,9 %
Interessante Tätigkeit	84,1 %	77,0 %	7,1 %
Sichere Berufsstellung	77,6 %	61,7 %	15,9 %
Weiterbildungsangebote	67,2 %	52,4 %	14,8 %
Gute Erreichbarkeit	65,0 %	55,7 %	9,3 %
Gute Aufstiegschancen	63,5 %	56,5 %	7,0 %
Verantwortliche Tätigkeit	55,5 %	54,3 %	1,2 %
Beruf mit viel menschlichem Kontakt	51,7 %	30,0 %	21,7 %
Beruf mit hohem Einkommen	48,7 %	56,3 %	-7,6 %
Selbständige Tätigkeit	47,9 %	43,1 %	4,8 %

	Befragung 2018	Befragung 2022	Differenz Befragung 2018 und 2022
Anerkannter Beruf	46,6 %	36,3 %	10,3 %
Kreative Tätigkeit	39,4 %	30,4 %	9,0 %
Ein innovatives Unternehmen	38,3 %	35,9 %	2,4 %
Beruf mit viel Freizeit	35,3 %	48,6 %	-13,3 %

Wir stellten auch deutliche Unterschiede zur Generation Y fest, für die Karriere und Einkommen noch deutlich wichtiger war. Die Zler legen auch sehr viel Wert darauf, dass der Job mit der Familie und Freunden vereinbar ist. Feste Strukturen, also klare Arbeitszeiten und ebenso eine deutliche Abgrenzung zum Privatleben sind von oberster Priorität. Deshalb sollte die Privatsphäre der Zler respektiert und geachtet werden. Außerhalb der Arbeitszeiten sollte es eine Ausnahme sein, die Jugendlichen zu kontaktieren.

»Homeoffice möchte ich nicht, weil es dann schwerer ist, Privates und Arbeit zu trennen.«

(Berufsschülerin Maria aus München, Teilnehmerin unserer Studie)

Gedankenanstoß: Hierarchien und Strukturen

Menschen haben das Bedürfnis nach Sicherheit und Struktur. Sie streben aber auch nach Macht. Hierarchien erfüllen diese Bedürfnisse.

Der Begriff Hierarchie stammt ursprünglich aus dem religiösen Kontext. Hierarchie beschrieb die Rangordnung der Priester im antiken Griechenland. Der Priester, der den Göttern am nächsten war, also der Hierarch, hatte die Macht über die anderen Priester. Dieses Prinzip der Anordnung existiert, seit es Lebewesen gibt. Die Bedeutung hat sich im Grunde bis heute nicht grundlegend geändert. Hierarchie beschreibt lediglich, welche Position man im Vergleich zu anderen einnimmt. Dieser Vergleich mit anderen passiert ganz automatisch und ist oft schon Teil des ersten Eindrucks. Und das ist wichtig, denn jeder braucht diese Einordnung, um zu wissen, wie er sich verhalten muss und welche Reaktion er vom Gegenüber erwarten kann. Doch je flacher die Hierarchien, desto stärker ist die Grauzone, in der die Mitarbeiter sich ständig neu einordnen müssen.

Ein Widerspruch?

Für die Generation Z ist der Wert »ehrgeizig sein« wichtiger als für die Generation Y. Bei der Generation Z gibt es geringere Unterschiede im Ankreuzverhalten zwischen den Geschlechtern als bei der Generation Y.

3.5 Generation Ungewissheit

Die Generation Z hat für den Moment gute Aussichten auf dem Arbeitsmarkt. Was die Jugendlichen aber auch wahrnehmen: Dass sich alles unfassbar schnell ändert. Gestern war noch Smartphone, heute sprechen alle über KI (Künstliche Intelligenz) bzw. AI (Artificial Intelligence), autonomes Fahren und 3-D-Druck. Bedeutet für den Arbeitsmarkt: Welchen Job soll man heute lernen und gibt es den noch in zehn Jahren? Was heißt das jetzt eigentlich mit dem Klimawandel? Sollte man nur noch ökologisch verantwortungsvoll hergestellte Produkte einkaufen? Machen die Älteren doch auch nicht. Und kriegen wir das überhaupt hin? Die Welt und ihre Zukunft sind für die Generation Z hochkomplex. Ökologische Krisen gab es zwar auch schon vor 40 Jahren, Tschernobyl z. B., und auch damals gab es Aufrufe, endlich etwas gegen die voranschreitende Umweltzerstörung zu tun, wie es z. B. 1972 der Club of Rome getan hatte, der auf die Grenzen des Wachstums aufmerksam machte. Damals war kurz vor zwölf. Aus Sicht der Generation Z ist die Zeit aber schon lange vorbei.

»Adults keep saying, ›we owe it to the young people to give them hope‹. But I don't want your hope. I want you to panic. I want you to feel the fear I feel everyday. And then I want you to act … I want you to act as if your house is on fire. Because it is.«

(Greta Thunberg)

Artifizielle Intelligenz (AI) bzw. Künstliche Intelligenz (KI)

Ein Teilbereich der modernen Informatik, der sich mit maschinellem Lernen, dem künstlichen Generieren von Wissen, und automatisierten Prozessen beschäftigt. Ebenfalls beschäftigen sich die Neurowissenschaften, Psychologie, Philosophie, Linguistik und die Mathematik mit Künstlicher Intelligenz. Unterschieden wird generell zwischen schwacher und starker Künstlicher Intelligenz.

Bei der schwachen KI geht es meist um konkrete Anwendungsmöglichkeiten. Beispiele hierfür sind: Bild- und Spracherkennung, Navigationssysteme, Übersetzungsprogramme.

Bei der starken KI geht es um eine möglichst genaue Nachahmung menschlicher Intelligenz. Davon ist die derzeitige Forschung jedoch noch weit entfernt.

Zudem sinkt auch noch die Glaubwürdigkeit klassischer Medien. Fake News, Lügenpresse und ein twitternder US-Präsident. Selbst die »Tagesschau« ist keine Institution mehr. Online werden sogenannte alternative Fakten verbreitet – meist in Social-Media-Gruppen, in denen man größtenteils Bestätigung bekommt und selten ein Korrektiv.

3.6 Generation entscheidungsarm

Die Generation Z hat unglaublich viele Möglichkeiten. Frühere Jugendgenerationen haben durch Nasenpiercings, lange Haare und Tattoos provoziert und mit den vorherrschenden Normen gebrochen. Heute stören sich die wenigsten Menschen an diesen Dingen. Alles war schon irgendwie da. Keiner der Jugendlichen muss das arbeiten, was der Vater gearbeitet hat. Wer studieren möchte, kann das. Und irgendwas machen, womit man berühmt wird, geht sicher auch. Das sehen die Jugendlichen ja täglich auf Instagram. Wer als Mann Kindergärtner werden will, ist dort willkommen. Und wenn eine Frau Handwerkerin sein möchte, ist das auch gut. Das alles bietet unglaublich viele Möglichkeiten, sich selbst zu entfalten. Aber die Jugendlichen müssen sich auch entscheiden. Was möchten sie eigentlich im Leben und wie lange?

Was, wenn der falsche Studiengang gewählt wird oder die Ausbildung nicht die richtige ist? Einerseits ist die Generation Z dadurch sehr pragmatisch: Es wird rational abgewogen, welche Bildungswege am besten verwertbar sind. Andererseits benötigen Jugendliche dadurch viel stärkere Leitplanken als alle anderen Generationen vor ihnen. Ansprechpartner, beste Freunde und Dauerberater hierfür sind die Eltern.

3.7 Generation Mama und Papa

Weder für die Generation Z noch für die Eltern dieser Generation ist Abnabelung ein Thema!

Familie bedeutet für die Generation Z in erster Linie Sicherheit. Unsere Studie zeigt, dass die Bedeutung von Sicherheit und Familie für die Generation Z viel größer ist als für ihre Vorgängergenerationen. Das Verhältnis zwischen Eltern und Kindern hat sich stark gewandelt, vor allem in den letzten Jahrzehnten. Heute sind Eltern eher Coach, Berater und Freund als autoritäre Erziehungsberechtigte. Während viele Väter in den 50er-Jahren ihre Kinder nicht in den Arm nahmen, gehen sie heute in Elternzeit.

»Ich will gar nicht, dass meine drei Kinder ausziehen. Die können gerne bei uns bleiben. Ich finde das schön.«

(Ein Generation-Thinking-Workshopteilnehmer über seine Kinder, die zur Generation Z gehören)

Hohes Einkommen weniger wichtig?

Für die Generation Z ist ein »hohes Einkommen« weniger wichtig als für Generation Y. Geschlechtsunterschiede fallen in diesem Punkt in der Generation Z deutlich höher aus als in der Generation Y: Frauen der Generation Z ist ein »hohes Einkommen« deutlich weniger wichtig als Männern.

3.8 Generation verharren

Die Eltern sind heute die wichtigsten Verbündeten für die Jugendlichen. Diese Harmonie war früher kaum denkbar: Dass sich Jugendliche nicht bewusst von den Werten der Eltern abgrenzen. Dass sie sich eher daran orientieren, was konform ist, und die Wertvorstellungen der Eltern übernehmen. Soziologen nennen dies Neo-Konventionalismus. Wieso sollte sich die Generation Z von dem abwenden, was vorzufinden ist? Ihnen geht es gut. Die wirtschaftlich gute Lage spricht für sich, daran braucht man nichts zu ändern. Familiäre Rückzugsräume sind wichtiger geworden. Bereiche, in denen ein Gefühl der Beeinflussbarkeit und Übersichtlichkeit vermittelt wird, sind für die Jugendlichen extrem wichtig. Das ist vor allem für die »Offline-Welt«, also die realen sozialen Beziehungen der Generation Z wichtig. Wir halten es für falsch, online und offline strikt zu trennen, da sie im Alltag der Jugendlichen eng verflochten sind. Dennoch haben wir Verhaltensweisen beobachtet, die auf den ersten Blick widersprüchlich erscheinen können. Diese – vermeintlichen – Widersprüche lösen sich auf, sobald man die Lebenswelt der Generation Z offline und online gesondert betrachtet.

Neo-Konventionalismus

Jugendliche der Generation Z grenzen sich immer weniger gegenüber den Erwachsenen ab. Von ihnen wird keine Gegenkultur angestrebt. Ganz im Gegenteil, die Wertestruktur ähnelt sehr stark der der Elterngeneration. In der Koexistenz von verschiedenen Interessen und Lebensstilen in unserer Gesellschaft orientieren sich Jugendliche der Generation Z an dem Lebensstil der Eltern. Abgrenzungstendenzen zum Mainstream sind gering.

(Calmbach, M. et al. 2016, S. 475)

»Fähigkeiten entfalten« unverändert wichtig

Zu dem Punkt »Fähigkeiten entfalten« gibt es zwischen der Generation Z und Y keine nennenswerte Unterschiede. Auch zwischen den Geschlechtern lässt sich nichts Signifikantes feststellen.

3.9 Generation Digital Natives 2.0

Das Tablet spielt bereits bei manchen Babys eine große Rolle!

»Ich glaube an das Pferd. Das Automobil ist eine vorübergehende Erscheinung.«

(Wilhelm II., 1859 – 1941)

Dieses Zitat haben Sie sicherlich schon öfter gelesen. Wie konnte Kaiser Wilhelm II. sich gegenüber etwas verweigern, das so offensichtlich fortschrittlich war? Wieso hatte er etwas abgelehnt, das es nicht im Ansatz zuvor gegeben hat? Weil wir Dinge, die für uns das gesamte Leben gegeben waren, nicht sofort ablegen. Wir benötigen Zeit zum An- und Umgewöhnen. Was hat das mit der Generation Z zu tun? Für die Zler ist Digitalität gegeben. Sie sind die Digital Natives 2.0. Ihnen wird es nicht passieren, dass sie digitale Entwicklungen ablehnen. Für sie ist das Internet nicht wegdenkbar. Dafür würde die Fantasie nicht ausreichen. Jeder und alles ist vernetzt. Überlebenswichtig ist das Smartphone. Die maslowsche Bedürfnispyramide wurde sogar extra für die Generation Z an der Basis erweitert: mit Handy, Wi-Fi und ausreichend Akku. Das Digitale ist immer willkommen.

Ausreichend Akku und WLAN gehören für die Generation Z zu den zentralen Grundbedürfnissen.

Vernetzt zu sein, wird von den Jugendlichen nicht kritisch betrachtet. Wieso auch? Es war ja nie anders. Oder haben Sie während Ihrer Jugend Dinge hinterfragt, die total normal waren? Das Telefon oder den Fernseher z. B.? Wahrscheinlich nicht. Es war halt da. Und es wurde benutzt. Klar, viele Jugendliche in unseren Studien reflektieren ihr Verhalten und sagen: »Manchmal ist mein Smartphone ein ziemlicher Zeitfresser« oder: »Mehr Vernetzung wie jetzt ist gar nicht möglich.« Aktuelle Studien zeigen aber auch: Die Zler sind der Meinung, dass sie bereits maximal vernetzt sind.

Da die gesamte digitale Welt für die Generation Z absolut selbstverständlich ist, ist sie dem Fortschritt wohlgesonnen. Und weitaus offener für Technik. Aus Sicht der älteren Generationen vielleicht auch etwas naiver, wenn 31 % der Zwölf- bis 14-Jährigen in Deutschland derzeit sagen: »Eine Verbindung zwischen einem Körperteil und dem Internet wäre super.« Mit der Generation Z wird der Homo digitalis zur Realität.

»Für mich geht es gar nicht ohne Insta. Da sind meine ganzen Freunde, was bringt es mir, wenn ich nicht mehr drin bin? Das ist, wie wenn ich auf eine einsame Insel gehen würde.«

(Abiturientin Lena aus München, Teilnehmerin unserer Befragung)

Die dauerhafte Nutzung digitaler Medien hebt viele Raum- und Zeitgrenzen auf, die früher noch galten. Wer einen Film sehen möchte, muss nicht bis 20:15 Uhr am nächsten Abend warten. Er streamt ihn sofort. Wer jemanden kontaktieren möchte, schreibt sofort. Und fordert auch eine schnelle Antwort. Alles ist im Hier und Jetzt jederzeit abrufbar. Bedürfnisse können und wollen sofort gestillt werden. Das Ausweiten solcher Möglichkeiten widerspricht traditionellen Strukturen der Schule, die z. B. Ordnung und Verbindlichkeit einfordert. Verbindlichkeit ist für die Generation Z kein Ziel, sondern eine Herausforderung. Denn verbindlich sein lässt Tausende Handlungsmöglichkeiten auf wenige schrumpfen.

Durchschnittlich mehrere Stunden am Tag auf sozialen Netzwerken zu sein hat Auswirkungen. Die Generation Z ist stark visuell geprägt. Ständige Ablenkung, kurze Aufmerksamkeitsspannen und das schnelle Herausfiltern aus vielen Informationen beeinflussen deren Wahrnehmung. Sie ist hervorragend darin, möglichst schnell Inhalte zu filtern und zu beurteilen.

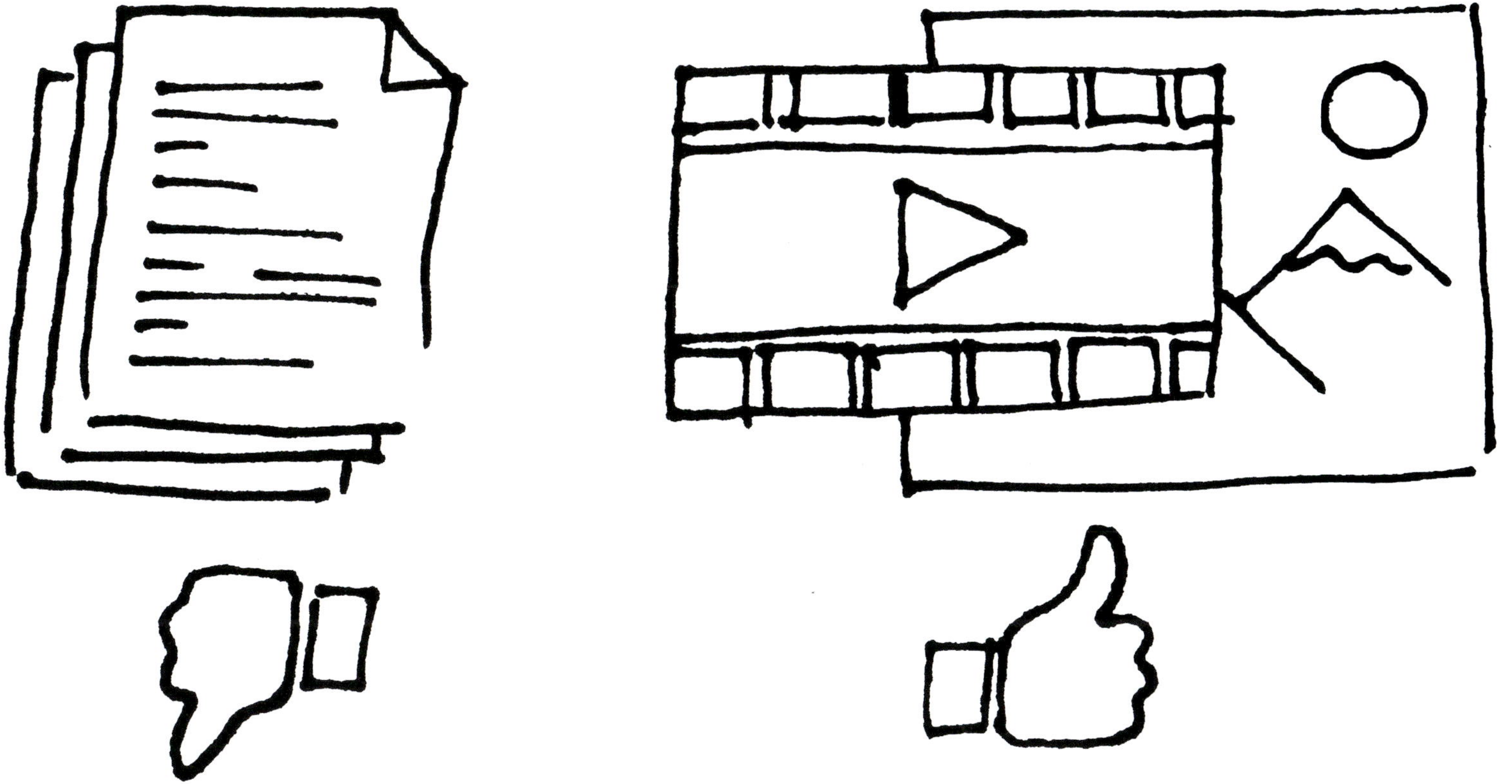

Bilder sagen mehr als 1000 Worte! Das gilt im besonderen Maße für die Generation Z.

3.10 Generation führungslos im digitalen Dschungel

Wer leitet diese Generation im digitalen Dschungel an und gibt ihr Werkzeuge zur Hand? Die Eltern sind es nicht. Sie haben begrenztes Erfahrungswissen und sind teilweise mit der digitalen Welt überfordert. In digitalen Dingen sind die Zler den älteren Generationen in vielen Fällen längst überlegen. Erwachsene, die sich der digitalen Welt verschließen, verlieren den Anschluss an die Welt der Generation Z. Dadurch schaffen sich die Jugendlichen eigene Welten. Und sammeln ihre eigenen Erfahrungen.

Sonntag, 19:00 Uhr. Sie sind in München im Urlaub. Städtetrip. Das Restaurant, in dem Sie sind, ist hochpreisig. Sie bestellen, das Essen kommt. Sieht super aus. Nicht nur für den Magen, sondern auch fürs Auge ansprechend zubereitet. Was tun Sie? Essen natürlich! Oder? Falsch! Sie halten den Moment fest. Das ist ein Ort mit guter Instagramability. Sie machen ein Foto mit Ihrem Smartphone und laden es sofort hoch. Zum Beispiel auf Instagram. Dort versehen Sie es mit einer ansprechenden Bildunterschrift: #healtyfood #instafood #lovelife #travel #foodporn. Es wäre fatal, diesen Moment auszulassen und nicht für seine Eigenvermarktung zu nutzen. Essen ist nun kalt. Egal, 240 Likes bekommen.

» *Instagram ist für mich das Tor zur Welt. Ich liebe es einfach.«*

(Schülerin Kathie aus Emden, 17 Jahre alt, Teilnehmerin unserer Befragung)

Durch soziale Netzwerke schafft die Generation Z einen digitalen Avatar, der nur bedingt mit dem realen Leben zu tun hat. Es ist klar, dass man online nichts teilt, das einen schlecht aussehen lässt. Auch nichts, was nur normal ist. Wieso denn auch? Singularität – das Besondere und Einzigartige entspricht dem Zeitgeist. Wer lässt sich mit Massenprodukten abspeisen und möchte mit einem Kollektiv verschmelzen? Die Generation Z sicher nicht. Das Besondere ist der Maßstab. Und noch nie konnte man sich online so gut selbst vermarkten.

» *Facebook ist voll planlos, da ist niemand mehr von meinen Freunden. Alle sind bei Insta.«*

(Schüler Carlo aus Bad Boll, 15 Jahre alt, Teilnehmer unserer Befragung)

Instagram

Instagram ist ein in den USA 2010 gelaunchter Onlinedienst. Der Onlinedienst ermöglicht das Hochladen von Medien (Fotos, Videos), die eine Story bilden. Die Mitglieder haben wiederum »Follower« (dt. Anhänger oder Gefolgschaft), die die hochgeladenen Storys des Mitglieds verfolgen können. Die Gefolgschaft fühlt sich dadurch auf dem Laufenden gehalten. Sie bekommt ständig mit, was ihre jeweiligen Freunde, der Bekanntenkreis, ein Haustier, Unternehmen, Kollegen oder Celebrities – je nachdem, welcher Person oder Sache sie folgt – gerade treiben, was deren Lifestyle ist, was sie essen und welche Mode gerade angesagt zu sein scheint. Es geht dabei lediglich um das Visuelle. Neben den »normalen« Nutzern und »Followern« gibt es die Influencer (dt. Beeinflusser). Die Influencer lenken ihre Gefolgschaft in eine bestimmte Richtung und verdienen damit meistens Geld, indem sie z. B. Fotos/Videos mit bestimmten Markenkleidern, die sie tragen, hochladen. Bei Followern von Celebrities z. B. ist ein starker Konsumzuwachs der vom Influencer getragenen Marke zu vermerken. Das Wort hinter einem »Hashtag« »#« (dt. Rautezeichen oder Doppelkreuz) wird automatisch verlinkt und gilt als Sammelbegriff und Beschreibung des Fotos oder Videos. Der Link verknüpft sämtliche Medien mit diesem Sammelbegriff.

2012 wurde Instagram von Facebook, dem heutigen Meta-Konzern, mit einer Rekordsumme von einer Milliarde US-Dollar gekauft. Instagram hat Ende 2018 weltweit über eine Milliarde aktive Nutzer. Bis heute ist die Zahl der Nutzer noch weiter angestiegen. Hochrechnungen zufolge gibt es im Jahr 2022 1,48 Milliarden aktive Nutzer (vgl. Rabe 2022b, o. S.). Knapp 70 % der Nutzer sind weiblich. Mehr als 50 Milliarden Fotos wurden hochgeladen. Die beliebtesten Hashtags sind #Love, #Instagood, #Me, #Cute und #Follow. Pizza ist in Instagram das weltweit am häufigsten »hochgeladene« Essen, gefolgt von Sushi. Influencer verlangen bis zu 100 000 US-Dollar für einen gesponserten Beitrag.

Tabelle 3.4 Einschätzung von Social-Media-Aktivitäten eines potenziellen Arbeitgebers

Frage: »Wie finden Sie es, wenn sich Ihr möglicher Arbeitgeber auf folgenden Plattformen präsentiert?«	
	Gewichtete Mittelwerte je Plattform
Firmenwebseite	5,38
Jobportale	4,81
Messe	4,78
Stellenanzeigen in der Zeitung	4,36
Facebook	3,46
Instagram	3,07
Snapchat	2,43
n = 2199; Quelle: Erhebung Institut für Generationenforschung, 2018, Erläuterung zur Spalte »Gewichtete Mittelwerte je Plattform«: Kategorien wurden Nummern zugeordnet von »1« (geringste Ausprägung) bis »6« (höchste Ausprägung) und hieraus gewichtete Mittelwerte gebildet.	

3.11 Generation Analog hilflos

Mindestens fünf Stunden täglich im Netz, 178 Meter täglich mit dem Smartphone über den Bildschirm gescrollt, was etwa 55 Minuten Scrolling pro Tag bedeutet. Täglich werden über 280 Werbenachrichten überfolgen: Die Generation Z stellt in Sachen Internetkonsum Rekorde auf. Rekorde purzeln auch bei der Trainingsleistung: Keine Generation ist bisher so gut im digitalen Raum trainiert. Nachteil: Keine Generation ist auch so schlecht in der analogen Welt trainiert. Bei mehreren Stunden täglich im Netz bleibt wenig Zeit, sich Herausforderungen in der analogen Welt zu stellen. Das zeigt sich dann darin, dass Zler auf Hilfe durch Erwachsene, meist die Eltern angewiesen sind. Die rufen dann beim neuen Arbeitgeber an, kommen mit zu Feedbackgesprächen oder tauchen kurzerhand in der Vorlesung auf.

»Ich rufe gerne für meine Tochter an, wenn Sie krank ist und nicht zur Arbeit gehen kann, oder wenn sie eine Pizza bestellen möchte, denn sie möchte immer einen extra Belag, den sie leider nicht mit der App bestellen kann.« (Mutter einer Schülerin der Generation Z, 45 Jahre alt, Teilnehmerin eines Workshops)

Weil die Generation Z stark auf Hilfe in der analogen Welt angewiesen ist, handelt sie auch nach den Maßstäben anderer. Schließlich muss sie sich in der analogen Welt irgendwo orientieren. Während der Corona-Pandemie zeigte sich das in unseren regelmäßigen Umfragen deutlich. Keine andere Generation hält sich so strikt an Vorgaben, die im Falle von Corona auch als sehr vernünftig wahrgenommen wurden. Zudem störten sich Vertreter der Generation Z sehr stark daran, wenn ältere diese Vorgaben nicht einhielten.

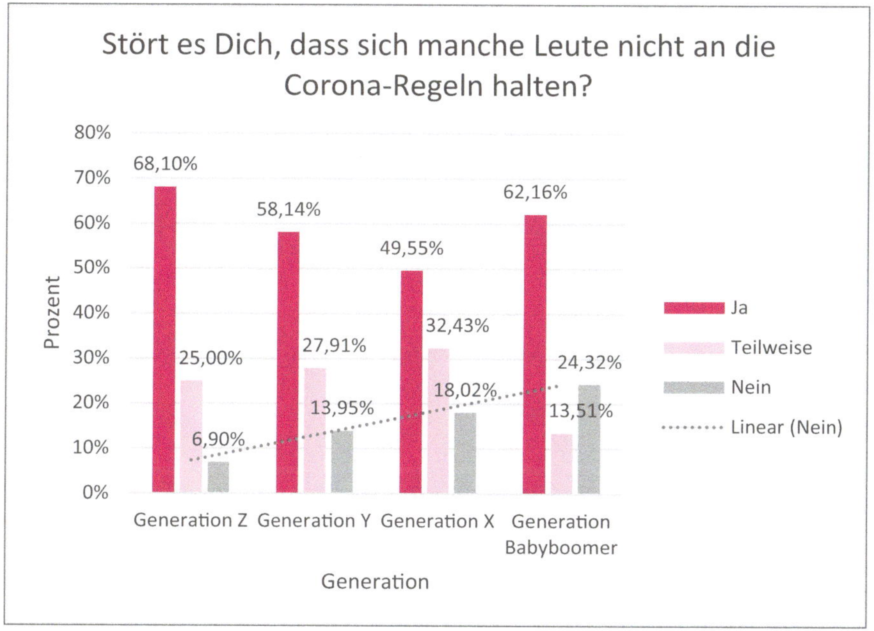

n = 1572; Quelle: Erhebung Institut für Generationenforschung, Erhebungszeitraum: April 2020

3.12 Generation besonders sein

Die Kehrseite davon ist die Kluft zwischen Realität und Onlineprofil. Je größer die Kluft, desto größer das Zerrbild, desto weniger kann in der Realität das eingehalten werden, was online gezeigt wird. In extremen Fällen führt das zu einer tiefen Unzufriedenheit. Soziale Netzwerke wollen ihre User möglichst lange auf der Plattform halten. Mehr Aufenthalt, mehr Daten, mehr Werbung, mehr Geld. So ist die Wertschöpfung. Was dahintersteckt, nennt sich Addictive Design. Hochgeladene Bilder bekommen sofortiges Feedback. Dafür gibt's Likes im Gegenzug. Unser Gehirn belohnt uns dafür mit Dopamin, was sich gut anfühlt. Likes bekomme ich nur für besondere Dinge. Sie sehen sicherlich den Zusammenhang: Nur wer Besonderes postet, bekommt Bestätigung und Anerkennung. Die wenigsten Menschen machen ständig besondere Dinge. Sich online deutlich besser, interessanter, schöner darzustellen, ist die logische Folge.

Instagramability

In erster Linie bezeichnet Instagramability die Vermarktung eines besonderen (schönen, coolen, einzigartigen) Ortes auf der Welt, an dem sich der User gerade befindet. Das Ziel dabei ist aber eher, sich selbst – durch ein Foto an diesem Ort – zu vermarkten und sich letztendlich als etwas Besonderes darzustellen. Der Ort ist nur Mittel zum Zweck.

Ein »aufregendes Leben« führen

Der Generation Z, vor allem den männlichen Befragten, ist ein »aufregendes Leben« wichtiger als der Generation Y. Die Geschlechtsunterschiede in der Generation Z sind dabei deutlich höher als in der Generation Y.

Das ist die Lebenswelt der Generation Z. Je nachdem, wie alt Sie selbst sind, wird Ihnen diese Lebenswelt fremder oder auch vertrauter vorkommen.

4

Die **sieben** zentralen Eigenschaften der Generation Z

»Wer etwas Großes will, der muss sich zu beschränken wissen, wer dagegen alles will, der will in der Tat nichts und bringt es zu nichts.«

(Georg Wilhelm Friedrich Hegel, ca. 1770 – 1831)

Neben unserer Studie stellten wir Fokusgruppen zusammen, um unsere Erkenntnisse zu vertiefen. In diesen moderierten Fokusgruppen luden wir Jugendliche der Generation Z ein, um noch mehr über deren Ansichten und Wünsche zu erfahren. Alle Dinge, über die wir noch mehr erfahren wollten, diskutierten wir in diesen Gruppen ausführlich. Die folgenden sieben Eigenschaften der Generation stellen letztlich die Essenz all unserer Forschungen dar.

4.1 Selbstbewusst

➤ Die Zler blicken positiv auf den Arbeitsmarkt der Zukunft, unabhängig vom Bildungsstand. Sie wissen, dass der demografische Wandel ihr Mitstreiter ist. Viele denken, die Führungsposition kommt von alleine. Auch ohne große Anstrengung.

➤ Die meisten Zler lassen sich ihren Optimismus auch nicht durch die Corona-Pandemie trüben. Unsere regelmäßigen Umfragen während der Pandemie konnten zeigen, dass keine andere Generation ihre Chancen auf dem Arbeitsmarkt so positiv einschätzt, wie die Generation Z.

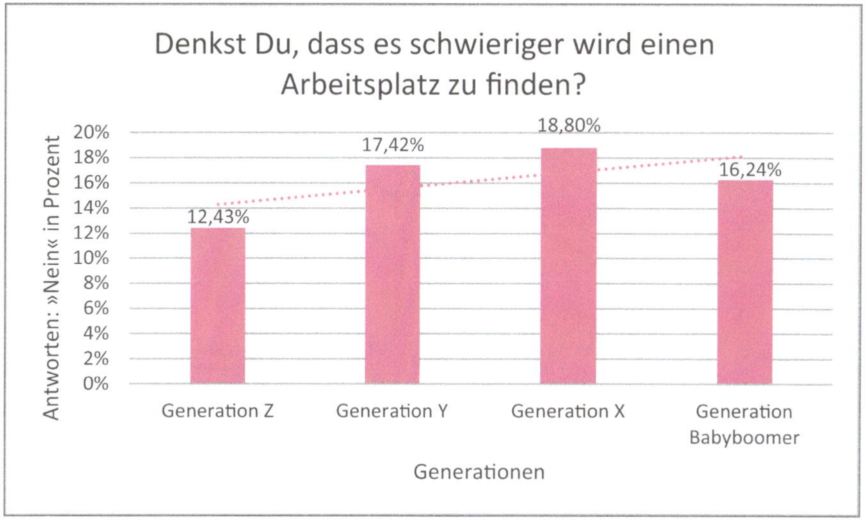

n = 1036; Quelle: Erhebung Institut für Generationenforschung, Umfragezeitraum: Mai 2021

4.2 Familienorientiert

➤ Junge Menschen haben gefühlt unendliche Möglichkeiten und können alles werden. Deshalb benötigen sie Leitplanken. Die gibt ihnen die Familie. Die Eltern beraten, coachen, unterstützen. Sie sind die wichtigsten Verbündeten. Sie erleichtern es, den richtigen Weg zu finden.

4.3 Online individualistisch

➤ Nur das Besondere zählt. Niemand möchte alltäglich sein. Deshalb gibt es in sozialen Netzwerken keine Likes für Normales. Das hat die Generation Z vor allem auf den sozialen Netzwerken verinnerlicht. Vermarkte dich einzigartig, und du wirst anerkannt.

4.4 Offline konservativ

➤ Außerhalb sozialer Netzwerke möchte die Generation Z ein normales Leben führen. Mainstream ist kein Schimpfwort. Je schneller sich die Umwelt verändert, desto wichtiger sind Strukturen. Ein Rückzugsraum, in dem Normalität herrscht. Die Wertvorstellungen der Eltern werden übernommen.

4.5 Ungeduldiger

➤ Wenn Zler ein Produkt haben wollen: Same-Day-Delivery. Wenn sie einen Film sehen wollen: An Ort und Stelle streamen. Wenn sie nach Partnern suchen: Auf der Stelle Singles in der Umgebung sichten. Die aktuellsten Nachrichten: Per Liveticker verfolgen. Das hochgeladene Bild vom Frühstück: Vier Kommentare und zehn Likes morgens um 9:30 Uhr.

Bedürfnisse sofort befriedigen, auf Aktion sofortige Reaktion. Das entspricht dem Zeitgeist. Die Generation Z kennt es nicht anders.

Das macht sie ungeduldiger.

4.6 Digital intuitiv

➤ Die Zler sind Profis in der digitalen Welt. Viele Herausforderungen im Alltag lösen sie zunächst digital. Und das ganz intuitiv: Wann fährt mein Zug? Ein Blick auf die App. Welchen Urlaub sollte ich dieses Jahr buchen? Mehrere Stunden im Netz gesurft. In welcher Stadt gibt es die günstigsten Wohnungen zu mieten? Schnell ein paar Vergleichsportale gecheckt. Welcher Arbeitgeber ist der Beste? Sterne auf Jobbewertungsportalen verglichen. Das Smartphone ist die dritte Hand. Eine Welt ohne Internet ist nicht denkbar, dafür reicht die Fantasie nicht aus. Die Generation Z denkt von Geburt an digital intuitiv. Während ältere Generationen zunächst in der analogen Welt für Lösungen ihrer Probleme suchen, greift die Generation Z intuitiv auf die digitale Welt zurück. Sie hat dadurch die Fähigkeit erworben, in sekundenschnelle Inhalte zu sichten, zu filtern und zu bewerten.

Das beeinflusst lesen, lernen und entscheiden. Das heißt aber nicht, dass die digital intuitive Generation Z klassische PC-Programme, die häufig in der Arbeitswelt gebraucht werden, mit Arbeitseintritt selbstständig – und genauso intuitiv – bedienen kann. Im Gegenteil: In ihrer Kindheit und Jugend hatten sie zwar intensiven Kontakt mit digitalen Geräten und Apps, gängige Anwendungen im Arbeitskontext sind aber auch ihnen bisher fremd geblieben. Das müssen sie erst einmal lernen.

4.7 Generation regeltreu

Die Generation Z hält sich strikt an die Regeln der analogen Welt. Das ist jugenduntypisch. Bisherige Generationen lehnten sich in der Jugendphase eher gegen Regeln auf. Die 68er Bewegung zum Beispiel, die das Schweigen nach den Gräueltaten im 2. Weltkrieg beenden wollte und gegen Beherrschung und Unterdrückung auf die Straße ging. Oder die Generation X, die sich in vielen Subkulturen – z. B. Rocker, Popper, Punker – gegen die Gesellschaft auflehnten.

Bei der Generation Z ist das anders. Sie stört sich daran, wenn sich andere Menschen nicht an die Regeln halten.

Die Generation Z hört stark auf das, was andere Personen in der analogen Welt vorgeben. Das braucht sie, um sich zurechtzufinden, denn sie sind in der analogen Welt sehr unsicher. Schließlich verbringen sie viel weniger Zeit als andere Generationen in der analogen Welt. Das mangelnde analoge Training hinterlässt Spuren. Vorgaben können hier ein dankbarer Anker sein. In diesem Zusammenhang kann man auch vom sog. Ankereffekt sprechen.

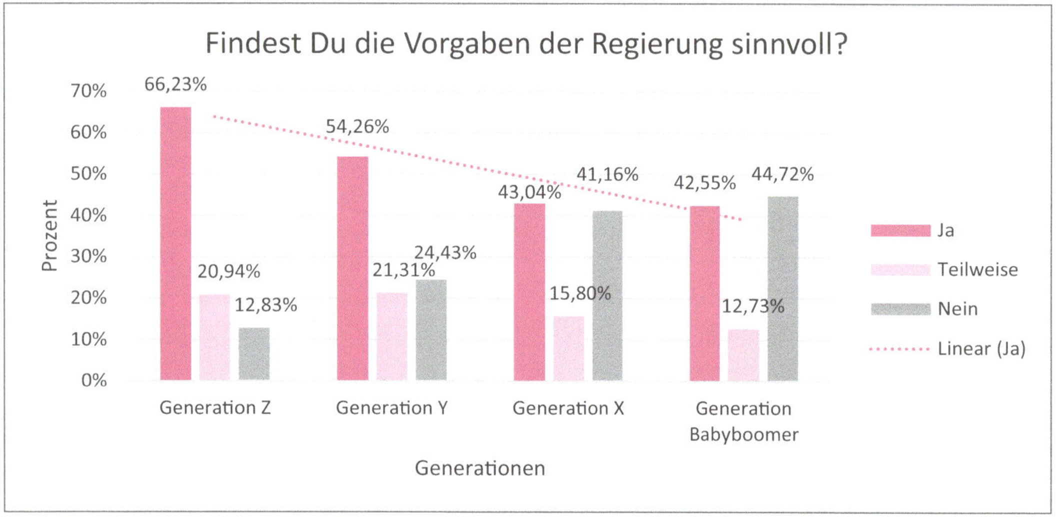

n = 2093; Quelle: Erhebung Institut für Generationenforschung, Kumulierte Daten aus zwei Erhebungszeiträumen; Erhebungszeiträume: Juni 2021 und Dezember 2021

Ankereffekt

Orientieren sich Menschen bei Entscheidungen unbewusst an Informationen aus der Umgebung, spricht man vom Ankereffekt. Die Information aus der Umgebung ist der Anker, den man zu seiner Entscheidung nutzt. Die Psychologen Clayton R. Critcher und Thomas Gilovich konnten zeigen, dass Gäste eines Restaurants mit dem Namen »Studio 97« durchschnittlich 8 Dollar mehr ausgeben als Gäste des Restaurants »Studio 17.«

Die Generation Z braucht in der analogen Arbeitswelt Ihre Hilfe. In den Kundenkontakt zu treten, Telefonate zu führen oder Präsentationen zu halten, fällt ihr schwer. Hier müssen Sie unter die Arme greifen und die Zler behutsam an neue analoge Aufgaben heranführen. Was früher selbstverständlich war, muss heute erst erlernt werden. Und ja Sie müssen hierbei auch immer ein Vorbild sein. In der analogen Welt zwischen den Zeilen zu lesen, ist daher auch keine trainierte Technik der GenZ.

5

Die 28 Empfehlungen für den Umgang mit der Generation Z

Auf Basis all unserer Forschungsergebnisse und Beratungserfahrungen haben wir die 28 konkreten Empfehlungen für die Personalarbeit herausgearbeitet. Diese gelten branchenunabhängig und für alle Unternehmen in Deutschland. Bewusst sind die 28 Empfehlungen wie der klassische Personalgewinnungsprozess aufgebaut: vom Personalmarketing über das Bewerbungsgespräch bis hin zum Onboarding.

Employer Branding

Employer Branding (dt. Arbeitgebermarkenbildung) ist ein Konzept, um das Unternehmen attraktiver für (potenzielle) Arbeitnehmer darzustellen. Die Personalrekrutierung muss heute andere Wege gehen als noch vor ein paar Jahren. Das betrifft vor allem die Unternehmen, die besonders unter dem Fachkräftemangel leiden. Wer heute z. B. gute Vertriebsmitarbeiter, Auszubildende oder Ingenieure sucht, muss sich etwas einfallen lassen, um auch latent Suchende anzusprechen. Wer die richtigen Maßnahmen zum Personalmarketing durchführen will, muss vorher eine klare Botschaft formulieren, die die gewünschte Zielgruppe zur richtigen Zeit anspricht.

Für ein sinnvolles Employer Branding ist die Analyse der bestehenden Arbeitgebermarke zentral, um diese authentisch zu etablieren. Die tatsächlich bestehenden Arbeitgebereigenschaften müssen im Rahmen einer Befragung sowohl von Mitarbeitern als auch Führungskräften erfasst werden. Parallel muss die Zielgruppe im Hinblick auf ihre Erwartungen an einen Arbeitgeber recherchiert werden. Als Drittes steht die Positionierung der Wettbewerber auf der Agenda. Danach gilt es, alle Komponenten in Relation zueinander zu setzen: Von den Stärken, über die die Mitarbeiter berichten, werden die abgezogen, die für die Zielgruppe nicht relevant sind und die kein Differenzierungsmerkmal zur Konkurrenz darstellen. Zurück bleiben drei bis fünf zentrale Botschaften, die authentisch, relevant und differenzierend sind. Erst dann beginnt der kreative Umsetzungsprozess zur internen und externen Kommunikation.

»Nein, nicht gering ist die Zeit, die uns zu Gebote steht; wir lassen nur viel davon verloren gehen.«

Lucius Annaeus Seneca (ca. 4 v. Chr. – 65 n. Chr.)

5.1 Personalmarketing & Recruiting

1. Überzeugen Sie innerhalb von fünf Sekunden

Wo gab es früher Werbung? Auf Plakaten und im Fernsehen. Wo ist heute Werbung? Überall im Internet. Zler sind durchschnittlich fünf Stunden am Tag auf sozialen Netzwerken. Pro Tag entsperren sie das Smartphone durchschnittlich über 200-mal. Zwischen 4000 bis 5000-mal pro Tag wird das Smartphone angefasst. Während der Corona-Pandemie waren 16- bis 18-jährige bis zu 10 Stunden täglich im Netz (vgl. Postbank Digitalstudie 2021). Das heißt, ohne Ende Werbung auf Instagram, Snapchat und Co. Das steht nur durch, wer im digitalen Dschungel gelernt hat, Werbung ruckzuck zu beurteilen. Stellen Sie sich darauf ein. Mehr als fünf Sekunden geben Ihnen die Zler nicht. Und das ist schon viel. Wenn Sie also nicht durch den Z-Filter fallen wollen – fassen Sie sich kurz.

Snapchat

Snapchat (Snap, dt. Schnappschuss) der Firma Snap Inc. ist eine kostenfreie App aus den USA. Auf der Firmenhomepage beschreibt Snap Inc. sich als Unternehmen, »bei dem sich alles um die Kamera dreht« (übersetzt aus *https://investor.snap.com/company-profile*). 2012 beschrieb Evan Spiegel (CEO von Snap Inc.) die Unternehmensphilosophie im Snap-Blog (übersetzte Version): »Bei Snapchat geht es darum, den vollen Umfang menschlicher Emotionen zu transportieren – nicht nur, was hübsch oder perfekt zu sein scheint« (*https://www.snap.com/en-US/news/post/lets-chat/*).

Die App ermöglicht es, Mediennachrichten (Fotos, Videos) an Freunde zu schicken. Das Besondere dabei ist, dass die geschickten Nachrichten nur wenige Sekunden sichtbar sind und sich dann selbst löschen. In anderen Worten: Es werden Storys verschickt, die eine extreme Kurzlebigkeit haben – die Kommunikation ist dadurch sehr lebendig. Snapchat nutzt auch den Vorteil, dass, durch die Kurzlebigkeit, Storys verschickt werden, die in anderen Medien niemals verschickt werden würden. Tabus und Außergewöhnliches sind in der Regel interessanter und reizvoller, nur wer möchte hierfür lange Pate stehen? Snapchat ermöglicht beides, Tabubrüche mit kurzer Verantwortung. Diese Mischung trägt zur Beliebtheit der Plattform bei. Auch sämtliche Stars und Sternchen nutzen diesen Dienst aktiv. Bis zum dritten Quartal im Jahr 2022 hat sich diese Zahl mehr als verdoppelt: 363 Millionen aktive Snapchat-Mitglieder gibt es derzeit (vgl. Rabe 2022a, o. S.).

Über 5 Milliarden Snaps werden täglich via Snapchat verschickt. Aktive Snapchatter öffnen die App 30-mal jeden Tag. Im Jahr 2018 war es noch 25-mal pro Tag. Das entspricht einem Zuwachs um 20 %. Es würde mehr als 10 Jahre brauchen, um alle Fotos anzusehen, die in der letzten Stunde auf Snapchat geteilt wurden. Im Vergleich zu 2021 konnte Snapchat seinen Umsatz um weiter 6 % steigern (vgl. Aslam 2022, o. S.).

2. Zeigen Sie sich nicht von gestern

Mag ja sein, dass Sie von Digitalisierung und Künstlicher Intelligenz nicht viel halten. Dass Sie glauben, dass es sich nur um einen Hype handelt, der für Sie keine Rolle spielt. So wie der Vorstand eines Wirtschaftsverbandes, der von »Geschwätz« spricht oder sagt: »Ist doch alles Mist.« Falls Sie das auch finden: Behalten Sie es einfach für sich! Die Zler nehmen Sie sonst nicht ernst. Die Yler übrigens auch nicht. Und vielleicht sogar die allermeisten Xler. Sie wirken wie ein Dinosaurier. Denn Fortschritt lässt sich nicht aufhalten. Und der Fortschritt kommt durch Digitalisierung und Künstliche Intelligenz. Also: Nehmen Sie die Zukunft an. Hören Sie zu, setzen Sie um. Umarmen Sie die Zukunft.

3. Seien Sie vorsichtig mit Stellenanzeigen auf Social-Media-Kanälen

Stellen Sie sich vor, Firmenvertreter klingeln täglich an Ihrer Haustür, um für sich zu werben. Sie würden wohl denken: »Was haben die hier zu suchen?!« Ähnlich ist es für die Jugend, wenn Arbeitgeber über Social-Media-Kanäle nach Personal suchen. Das sind private Netzwerke, auf denen mit Freunden kommuniziert wird. Und auf denen sich die Jugend über Lifestyle-Themen informiert. Deshalb sagen über 80 % der Jugendlichen: Wenn Arbeitgeber auf sozialen Netzwerken um Personal werben: Geht gar nicht! Nicht umsonst wünschen sich 73 % der Generation Z eine strikte Trennung von Privat- und Arbeitsleben.

Also besinnen Sie sich auf die klassischen Kanäle: Bewerberportale, Jobbörsen und Messestände.

Einige Unternehmen berichten von guten Erfolgen auf ebay Kleinanzeigen oder Facebook, weil sie hier die Eltern der Generation Z erreichen. Eltern sind die wichtigsten Entscheider in der analogen Welt der GenZ.

Zler selbst haben einen sehr hohen Anspruch auf Social Media, schließlich sind sie damit groß geworden. Wenn Sie dennoch auf Social Media die GenZ direkt ansprechen möchten, gehen Sie wohlüberlegt vor. Denn wirkt Ihr Werbeauftritt auf Social Media nicht authentisch, kann der Schuss schnell nach hinten losgehen (vgl. Maas 2021a, 85 f.).

Überlegen Sie sich, welchen Influencer Sie wählen: Einen bekannten Influencer oder einen Mikro-Influencer, der weniger Follower hat? Selbst einen eigenen Influencer aufbauen oder doch die Azubis fragen, ob sie nicht Lust hätten, ihren Arbeitsplatz auf Social Media zu bewerben?

Möchten Sie hierzu mehr wissen, empfehle ich Ihnen mein Buch »Cyberpsychologie in der Arbeitswelt. Was Führungskräfte über die Auswirkungen des Internetkonsums wissen müssen.« Erschienen 2021 im Hanser Verlag.

Influencer

Influencer sind Personen, die auf Social Media Inhalte zu einem bestimmten Thema einer relativ großen Anzahl an anderen Personen (Followern) zur Verfügung stellen. Sie wirken dabei meist nahbar und ehrlich auf ihre Zuschauer. Werben Influencer für Produkte, wirkt das für 25 % der Generation Z glaubwürdiger als andere Formen der Werbung. Eine Studie zeigt, dass 44 % der 16- bis 24-jährigen angeben, ein Produkt gekauft zu haben, nachdem es durch einen Influencer beworben wurde (vgl. Maas 2021a, S. 85 – 95).

4. Seien Sie schnell

Die Ausbildung beginnt im September. Früher haben sich Jugendliche schon im Juni beworben. Heute kommen Bewerbungen zwei Wochen vor Ausbildungsbeginn rein. Wieso? Viele Zler halten sich möglichst viele Optionen offen. Erwarten aber eine schnelle Reaktion. So wie sie es in der digitalen Welt gewohnt sind. Was die Zler online posten, wird von Freunden sofort kommentiert, gelikt, gehypt. Onlinebestellungen zeigen, wann, wie, wo die Lieferung gerade ist. Denken Sie deshalb wie ein digitaler Dienstleister: Nur wenn Sie sofort auf eine Bewerbung reagieren, signalisieren Sie, dass sie Ihnen wichtig ist. Zeigen Sie auch – so wie es ein guter digitaler Dienstleister machen würde – wie der Bewerbungsprozess abläuft: Wie lange dauert die Bearbeitung? Wer wird sich melden? Und seien Sie schnell!

5. Lassen Sie den Bewerber nicht dreimal kommen

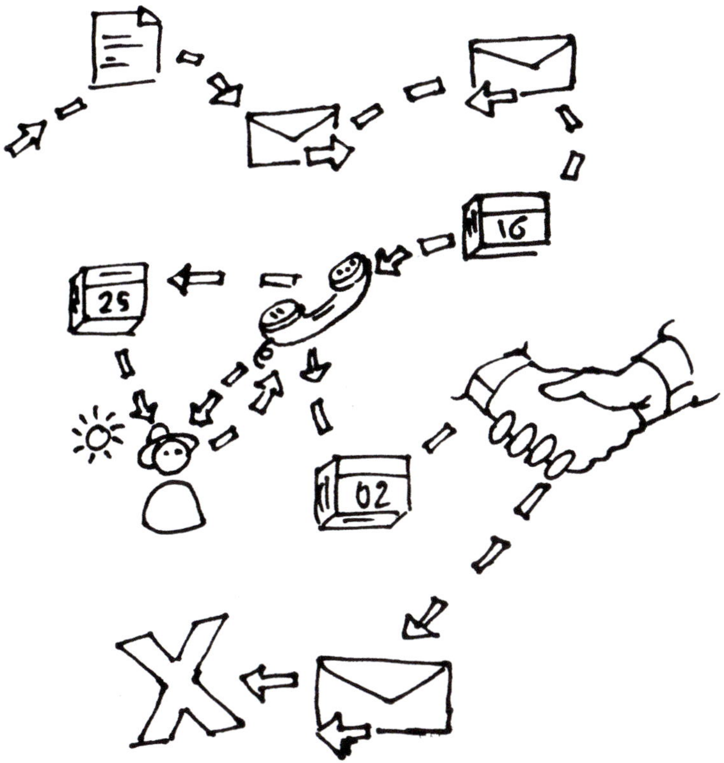

Bewerbung, Assessment, Gespräch, Essengehen – viele Firmen lassen ihre Bewerber mehrfach antanzen. Das ist oft weniger dem Personalprozess geschuldet als einer schlechten Planung. Zum Beispiel: »Der Chef möchte Sie noch kennenlernen, können Sie bitte noch mal kommen?«

Zler sind jung und sehen es nicht ein, mehrfach zum Arbeitgeber zu fahren. Die Bewerbung ist kein Eiertanz, dazu sollten maximal zwei Termine reichen. Überreizen Sie es, verlieren Sie Ihren Bewerber.

Jede Generation mit ihren besonderen Eigenschaften wertschätzen

Befolgen Sie diese Empfehlungen, und Sie können die Nachwuchskräfte, die Generation Z für sich gewinnen. Nebenbei dürfen Sie die anderen Generationen Y und X nicht vernachlässigen. Deshalb bleibt es wichtig, die unterschiedlichen Generationen und deren Lebenswelten zu kennen.

6. Schreiben Sie keinen Einheitsbrei

Gefühlt 90 % der Unternehmen schreiben Ihre Stellenanzeigen gleich. Zum Beispiel so: »Wir bieten eine abwechslungsreiche Tätigkeit in einem sympathischen Team, flexible Arbeitszeiten und eine leistungsgerechte Vergütung.« Vielleicht lobt das Unternehmen dann noch seine »strategische Perspektive mit klarem Blick für das Machbare«. Fühlen Sie sich davon angesprochen? Die Zler erst recht nicht. Die sind es gewohnt, aus Unmengen von Meldungen das für sie Wichtige zu filtern. Sie spüren, ob sie ernst genommen werden oder ob es sich um reines Marketingblabla handelt. Seien Sie deshalb aufrichtig. Fragen Sie sich, was Sie wirklich zu bieten haben. Worin Sie besser sind als andere. Sprechen Sie als Mensch zu Menschen.

Die Ansprache sollte möglichst:

a) authentisch sein
   Keine Generation zuvor hat mehr Wert auf Authentizität gelegt als die GenZ. Dazu gehört, möglichst transparent zu sein.
b) alltagsnah sein
   Versuchen Sie den Alltag genau zu beschreiben: keine Traumschlösser, aber auch keine negativen »Vibes«.
c) einzigartig sein
   Die GenZ kämpft täglich mit »**Fear** of best opinion« (siehe Seite 103). Versuchen Sie hier entgegenzuwirken, indem Sie die Einzigartigkeit des Arbeitsplatzes beschreiben. Und ja, den hat jeder Arbeitgeber, fragen Sie Ihre Zler im Unternehmen.

7. Lassen Sie Transparenz zu

Berücksichtigen Sie, dass Zler sich ihre Meinung durch Gleichgesinnte bilden. Ermöglichen Sie deshalb z. B. Chat-Gruppen, durch die Bewerber Kontakt zu Ihren Beschäftigten aufnehmen können. Da schreibt dann vielleicht ein Bewerber in die Gruppe: »Hallo, ich bin der Markus. Wie sieht denn bei euch ein normaler Arbeitstag aus?« Als Antwort kommt vielleicht von einem Zler aus Ihrem Unternehmen eine für die Generation Z authentische Antwort.

Aber auch ein Kennenlerntag von Azubis für Azubis, ein virtueller Rundgang von Azubis für Azubis, ein Messestand von Azubis für Azubis macht einfach Sinn.

8. Sprechen Sie nicht Y an, wenn Sie Z wollen

Generation Y legt Wert auf flexible Arbeitszeiten. Homeoffice – gerne! Dadurch lassen sich Arbeit und Familie gut vereinbaren. Die Generation Z will davon nichts hören. Zler sagen: »Ich will die Arbeit nicht mit nach Hause nehmen.« Sie bestehen darauf, dass ihre Freizeit respektiert wird. Das heißt: Keine Mails in der Nacht. Die Nacht gehört ihnen. Work-Life-Separation.

Remote Work

Der englische Begriff »remote« bedeutet fern, entfernt oder abgelegen. Und das ist Remote Work auch: Wo die Arbeit erledigt wird, ist vollkommen egal. Im Gegensatz zum Homeoffice, bei dem die Arbeit von zu Hause aus erledigt werden sollte, ist die Person bei Remote Work nicht an das Firmenbüro gebunden. Sie kann von allen möglichen Orten der Welt arbeiten. Wenn Angestellte vom Urlaub – »vacation« aus arbeiten, nennt man das »Workation«.

Remote Work fordert auf allen Führungsebenen eine höhere Führungsleistung:

- Sie müssen genauer und eindeutiger kommunizieren.
- Sie müssen schnelles und behutsames Feedback geben.
- Sie müssen eine gute Beziehung zu Ihren Mitarbeitern haben, denn ohne Vertrauen funktioniert es nicht.
- Sie müssen genauer und weitsichtiger planen.

Arbeitet Ihre Gruppe in einer hybriden Form, sprich ein Teil remote und ein Teil vor Ort, müssen Sie wesentlich effizienter moderieren. In gemeinsamen Meetings mit diesen Kollegen müssen Sie Pläne, Arbeitsabläufe und Ziele genauer beschreiben, da diese durch die remote Situation eine andere Perspektive einnehmen. Dieses Moderieren ist notwendig, um Missverständnisse zu vermeiden.

Alle beeinflussen sich gegenseitig

Die jeweiligen Generationen haben aufeinander Einfluss. Themen der Generation Y, wie z. B. Homeoffice, hatten Auswirkungen auf die Generation X. Als die Generation Y in viele Firmen das Homeoffice durchgesetzt hatte, nahm die Generation X die Möglichkeit zum Homeoffice dankend an. In der IT-Branche ist Homeoffice ein absolutes Muss. Auch die Generation Z und ihre Forderungen werden in bestimmten Bereichen einen Einfluss auf ihre älteren Kollegen haben. Es bedingt sich somit alles in beide Richtungen.

9. Bauen Sie keine Hürden auf – außer, Sie veranstalten einen Hürdenlauf

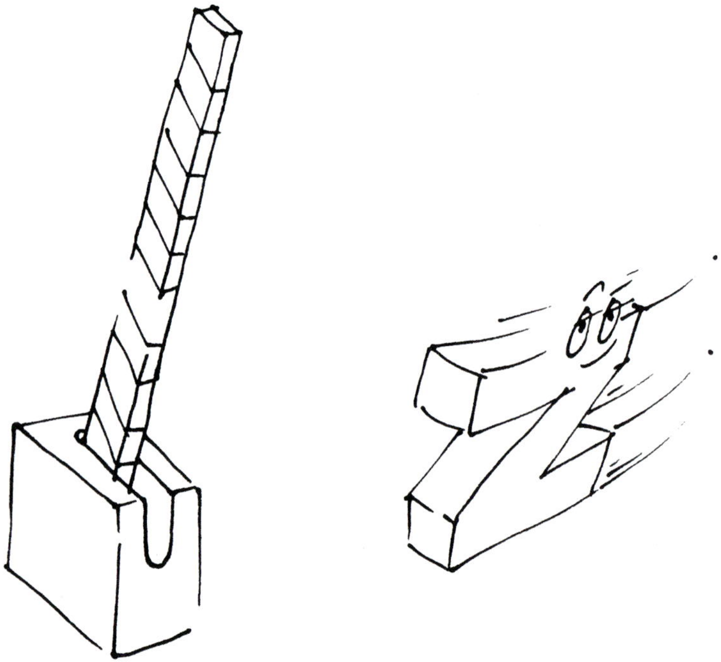

Was halten Sie davon, dass ein von Ihnen gesuchter Social-Media-Experte seine Bewerbung nicht digital per Mail abgeben darf, sondern nur analog per Post? Eigentlich undenkbar, aber geschieht so immer noch in vielen Unternehmen.

Sie verfügen z. B., dass eine Bewerbung nicht größer als 5 MB sein darf. Das ist kritisch. Denn oft ist schon allein das professionelle, hochaufgelöste Bewerbungsfoto größer. Der Bewerber müsste also sein liebevoll optimiertes Foto komprimieren. Dafür haben die Zler weder Zeit noch Verständnis. Wir können Ihnen nur dringend empfehlen: Entfernen Sie solche Hürden umgehend. Bieten Sie eine Mailadresse oder ein Upload-Fenster für Dateien an – ohne Beschränkung. Lassen Sie den Bewerbungsprozess von jemandem überprüfen, der up to date ist. Wenn das keiner von Ihnen ist, dann vielleicht von Ihren Kindern.

10. Denken Sie die Eltern Ihrer Bewerber mit

Haben Ihre Eltern für Sie nach Jobs gesucht? Die Stellenanzeige für Sie durchgelesen? Das Anschreiben für Sie verfasst? Den Lebenslauf gestaltet? Einen Termin beim Arbeitgeber ausgemacht? Sie zum Bewerbungsgespräch gefahren? Undenkbar, aber bei den Zlern ist das so!

Der Einfluss der Eltern auf die Zler ist enorm. Gehen Sie deshalb immer davon aus, dass Sie auch die Eltern überzeugen müssen. Heutzutage ist es normal, dass auf Berufsmessen Jugendliche zusammen mit ihren Eltern kommen. Die Eltern informieren sich, die Kinder stehen daneben und schweigen. Richten Sie das Wort an sie, ernten Sie ein Achselzucken. Die Eltern entscheiden, welcher Arbeitgeber für ihren Fynn oder ihre Anna infrage kommt. Sie müssen also immer die Eltern für sich gewinnen. Zum Beispiel, indem Sie Eventtage anbieten, bei denen jeder kommen kann. Auch die Eltern. Die elterliche Betreuung macht auch nicht vor den Universitäten halt. 2021 hatte das Institut für Generationenforschung zusammen mit den Universitäten Tübingen und Bonn Studierende befragt. 23 % der 18- bis 24-jährigen Medizinstudierenden gaben an, »ab und zu« bis »regelmäßig« mit ihren Eltern für das Studium zu lernen.

11. Geschlechter sollten in der Stellenanzeige keine Rolle spielen

Bei keiner anderen Generation kreuzen unterschiedliche Geschlechter so ähnlich an wie bei der Generation Z. Je älter, desto mehr Geschlechterunterschiede zeigen sich im Antwortverhalten. Vor allem Frauen und Personen mit höherem Bildungsabschluss ist das Gendern in der Alltagssprache wichtig (vgl. Institut für Generationenforschung 2021).

Tatsächlich fühlen sich auch weniger Frauen angesprochen, wenn Stellenanzeigen nur in der männlichen Form, dem generischen Maskulinum, formuliert werden. Werden Stellenanzeigen gegendert (z. B. Automechanikerinnen und Automechaniker) bewerben sich mehr Frauen. Infolge bewerben sich beim Nicht-Gendern auch weniger Frauen bzw. insgesamt weniger Bewerber, wie Studien schon 2015 festgestellt haben (vgl. Vervecken, D., & Hannover 2015).

Verzichtet ein Unternehmen auf das Gendern in Stellenanzeigen, hat das Konsequenzen. Gerade bei der Generation Z, die die kleinste Generation seit dem zweiten Weltkrieg ist und freie Wahl bei den Stellenangeboten hat. Will man sie gewinnen, muss sie sich auch angesprochen fühlen.

»Die Grenzen meiner Sprache sind die Grenzen meiner Welt« (Der Philosoph, Ludwig Wittgenstein (1889 – 1951))

12. Stellenausschreibungen müssen mit maximal zwei Klicks erreichbar sein

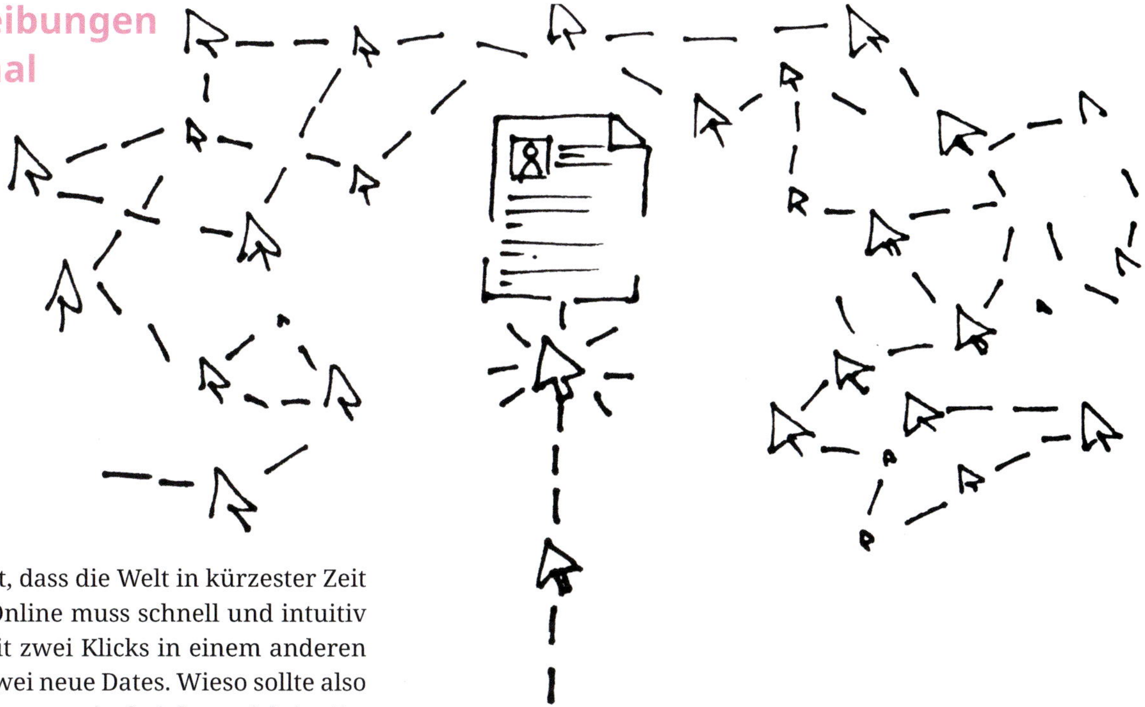

Die Generation Z ist es gewohnt, dass die Welt in kürzester Zeit auf ihren Fingerspitzen liegt. Online muss schnell und intuitiv funktionieren. Die Zler sind mit zwei Klicks in einem anderen Land, haben mit zwei Swipes zwei neue Dates. Wieso sollte also ein Unternehmen für sie interessant sein, bei dem wichtige Inhalte schwer erreichbar sind? Maximal zwei Klicks müssen reichen, um checken zu können, was läuft. Alles andere ist langsam.

Deshalb: Packen Sie Ihre Stellenanzeigen direkt auf die erste Seite. Gliedern Sie die Stellenangebote auf Ihrer Jobseite übersichtlich. So können sich die Bewerber schneller informieren.

Tinder/Swipen

Tinder ist die größte mobile Dating-App der Welt und wurde 2012 in den USA gelauncht. Tinder (dt. Zunder) verwendet Standorte, um Mitglieder in der näheren Umgebung zusammenzubringen. Die App machte das »Swipen« (Wischen) populär. Es erlaubt den Mitgliedern, auf Profilbildern nach rechts zu wischen, wenn sie das Bild attraktiv finden, und nach links, falls nicht. Wenn beide Mitglieder auf den jeweiligen Bildern nach rechts wischen, ist das ein »Match« (Gegenstück). Vermutlich ist »Match« auch als Synonym für das Streichholz zu verstehen. Sozusagen: Der Funke ist übergesprungen. Bei einem Match können sich die Mitglieder dann gegenseitig Nachrichten schreiben. Mittlerweile hat Tinder seit Launch über 46 Millionen Mitglieder und über 4,3 Millionen zahlende Mitglieder. Laut Tinder gibt es über zwei Milliarden Aufrufe pro Tag, eine Million Dates pro Woche, über 30 Milliarden Matches gesamt in über 190 Ländern (7. April 2019: *https://www.gotinder.com/press?locale=de*).

13. Personaler müssen sichtbar sein

Wer nimmt bei Ihnen die Bewerbung entgegen? Mit wem wird der Bewerber den ersten Kontakt haben? Wer wird der Vorgesetzte des Bewerbers? Diese Fragen können Sie im Voraus beantworten. Der Bewerber fühlt sich dann gleich vertraut. Geben Sie ihm nicht nur diese Antworten, nein, gehen Sie noch einen Schritt weiter und stellen Sie sich aktiv bei ihm vor. Die Person, die in der Stellenanzeige als Ansprechpartner genannt ist, muss einfach auf Ihrer Internetseite gefunden werden können und mit einem Bild versehen sein. In der ersten Mail an den Bewerber müssen Sie sich vorstellen und Ihre Rolle und Position im Unternehmen klarmachen. Außerdem sollte ein grafischer Plan über den gesamten Bewerbungsprozess mit Zeitplan, teilnehmenden Personen und benötigten Unterlagen an den Bewerber gesendet werden. So schaffen Sie eine Orientierung und ein gutes Gefühl beim Bewerber.

Schaffen Sie Nähe, indem Sie für jeden wichtigen Ansprechpartner im Unternehmen eine eigene Internetseite mit Bild und einem persönlichen Text erstellen.

Recruitainment

Recruitainment setzt sich aus den beiden englischen Wörtern Recruiting und Entertainment zusammen. Klassische Elemente der Bewerberauswahl werden hier also mit unterhaltsamen Elementen vermischt. Recruiting soll kein eintöniger Vorgang bleiben, sondern dem Bewerber Spaß machen. Einblicke in das Unternehmen werden gewährt. Es wird eine erste Bindung aufgebaut. Recruitainment bedeutet nicht nur, einen spannenden Rahmen für eine erste Kontaktaufnahme oder ein Treffen zu schaffen. Recruitainment kann in der Berufsorientierung, einem Online-Assessment und bei Firmenevents angewendet werden. Es kann z. B. sowohl online in Form einer virtuellen Messe, in der das Unternehmen sich vorstellt und die Bewerber Fragen stellen, als auch offline in einem Firmenevent stattfinden. Bisher jedoch gibt es im Unternehmenskontext kaum nennenswerte Erfolge mittels Recruitainment. Junge Bewerber bevorzugen ein »normales« oder physisches Kennenlernen. Idealerweise eines, bei dem die Eltern dabei sein können.

5.2 Im Bewerbungsgespräch

14. Überstunden klar regeln

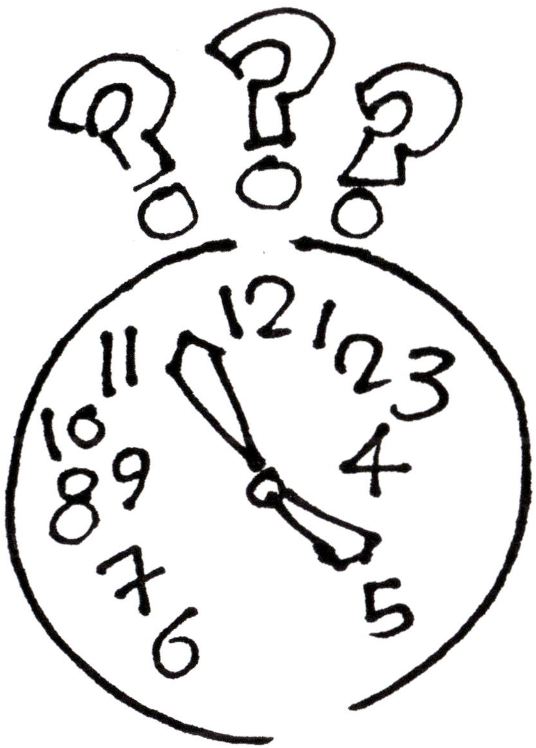

Die Generation Y hat sich noch durch unbezahlte Praktika gequält. Auch unbezahlte Überstunden akzeptierte sie. Der Erfahrung zuliebe, tröstete sie sich. Zler jedoch haben hier eine andere Einstellung: Harte Arbeit und Loyalität schützen nicht davor, entlassen zu werden. Das Geben ist oft nur eine Einbahnstraße.

Die Zler sehen Arbeit deshalb pragmatisch: Zeit für Geld. Und deshalb möchten Sie vor dem ersten Arbeitstag genau wissen, wie mit Überstunden umgegangen wird. Wenn wer ausgenutzt wird – der Zler ist es nicht.

Primacy- und Recency-Effekt

Die Primacy- und Recency-Effekte sind zwei typische Mechanismen der menschlichen Informationsverarbeitung. Der Mensch muss täglich eine Vielzahl von Informationen filtern und verarbeiten. Deshalb bleiben oft nur die ersten (Primacy) und die letzten (Recency) Informationen im Gedächtnis hängen. Das heißt: Starke Argumente besonders am Anfang oder am Ende eines Gesprächs präsentieren, schwache eher in die Mitte. Machen Sie zu Beginn und am Ende des Bewerbungsprozesses auf sich aufmerksam, damit der Bewerber denkt: »Das hat mir gleich gefallen« bzw.: »Der letzte Punkt hat mich zusätzlich überzeugt.«

15. Ein Tschüss reicht nicht – geben Sie Bewerbern etwas mit auf den Weg

Verkehrte Welt. Früher bewarben sich die Bewerber bei Ihnen. Es waren viele, sehr viele. Wenn Ihnen die Briefmarke auf dem Umschlag mit den Bewerbungsunterlagen nicht gefiel, warfen Sie die Bewerbung einfach weg. Oder Ihnen passte ein Name nicht. Oder das Alter. Es gab ja noch genug andere Bewerber. Und heute? Da sind Sie derjenige, der sich bewirbt. Um die Gunst der Bewerber. Nehmen wir mal an, ein Bewerber gefällt Ihnen. Sie würden ihn nehmen. Aber er auch Sie? Wahrscheinlich hat er bereits unzählige andere Bewerbungsgespräche hinter sich. Also machen Sie einen Unterschied. Schicken Sie ihm danach Ihre Bewerbungsmappe. Indem Sie den Bewerber persönlich ansprechen, ihm fürs Kommen danken, ihm sagen, wie sehr Sie das Treffen überzeugt hat und warum gerade Sie sich als geeigneten Arbeitgeber für ihn sehen. Damit hinterlassen Sie einen bleibenden, weil nicht digitalen, Eindruck.

16. Sprechen Sie nicht X an, wenn Sie Z wollen

Generation X interessiert sich beim Bewerbungsgespräch noch am ehesten für dicke Dienstwagen und für Miles and More. Dafür ist den Xlern auch keine Arbeit zu viel. Du musst 100 000 Kilometer im Jahr fahren. Kein Problem. Den Xlern kann man mit Statussymbolen und viel Arbeit kommen.

Bei der Generation Z zieht nichts davon. »Dienstwagen«, wie hört sich das schon allein an. Und Spritfresser: Erst recht nicht. Was sie wollen: Sicherheit. Also unbefristete Arbeitsverträge. Und dass ihre Freizeit respektiert wird. Das heißt: Keine Mails in der Nacht.

Haloeffekt

Das menschliche Gehirn muss täglich viele komplexe Aufgaben durchführen. Deshalb hat es nicht Zeit, immer alles neu zu hinterfragen. Wenn es einmal eine Annahme über etwas hat, dann bleibt diese auch so. Liest ein Bewerber negative Bewertungen über Ihr Unternehmen, strahlen diese negativen Worte über den gesamten Bewerbungsprozess und verzerren die Wahrnehmung des Bewerbers. Das ist der Halo- oder Strahleffekt. Von bekannten Eigenschaften wird automatisch auf unbekannte geschlossen. Dieser Effekt muss im gesamten Prozess, aber auch danach berücksichtigt werden. Fragen Sie deshalb auch gezielt den Bewerber nach den negativen Punkten, die ihn beschäftigen oder die er im Vorfeld vielleicht aufgeschnappt hat und räumen Sie diese aus. Gerade bei Jobbewertungsportalen besteht die Gefahr, dass einzelne negative Bewertungen über das Unternehmen den ersten Eindruck vom Arbeitgeber überschatten. Meist äußern sich auf Jobbewertungsportalen nur diejenigen, die unzufrieden sind. Das kann ein verfälschtes Bild vom Unternehmen erzeugen.

17. Behandeln Sie selbst die schlechtesten Bewerber gut

Machen wir uns nichts vor. Manchmal kommen Bewerber, die man einfach nicht einstellen möchte. Dass Sie zu diesen vielleicht nicht so freundlich sind wie zu anderen, liegt in der menschlichen Natur. Aber Vorsicht! Früher kamen kaum Reaktionen auf Absagen. Heute gibt es das Internet. Auf Bewertungsportalen können abgelehnte Bewerber ihren Frust ablassen – und tun es auch. Die Generation Z nutzt diese Bewertungsportale aktiv. Dass sich aber meistens nur diejenigen äußern, die unzufrieden waren, wissen die meisten User von Jobbewertungsportalen nicht. Ob Kritik gerechtfertigt ist oder nicht, ist egal. Was im Internet steht, steht im Internet. Die Folgen davon bekommen Sie bei der weiteren Personalsuche zu spüren. Der Ruf Ihres Unternehmens ist beschädigt (siehe Haloeffekt).

Es reicht also nicht mehr, nur nett zu sein. Behandeln Sie jeden Bewerber so, als würden Sie ihn gerne einstellen. Das erzeugt ein positives Gefühl, eine positive Erinnerung. Der aktuelle Arbeitnehmermangel verleitet viele Personaler dazu, auch Personen einzustellen, von denen sie eigentlich nicht überzeugt sind. Sollte sich das ungute Gefühl des Personalers bewahrheiten und eine gemeinsame Zusammenarbeit aufgekündigt werden müssen, ist das in wirtschaftlicher Hinsicht ein Totalausfall: Circa 20 000 bis 30 000 Euro fallen – je nach Aufwand für die Rekrutierung, Stellenschaltung, Assessment-Center, Vergütung, Kosten für die Einarbeitung – an, wenn eine Person kurz nach der Probezeit kündigt.

5.3 Der Onboarding-Prozess

Onboarding

Onboarding – ein Begriff aus dem Personalmanagement – beschreibt den Prozess einer guten, soliden und schnellen Einarbeitung neuer Mitarbeiter. Ziele des Onboarding-Prozesses sind: schnelles Erledigen der Eingangspflichten (z. B. Schlüsselübergabe, Dokumente übergeben/abzeichnen, HR-Pflichten), guter erster Eindruck als Arbeitgeber, Vermitteln der firmeninternen Regeln und Abläufe, schneller Einstieg und Bekanntmachung mit allen relevanten Personen und Prozessen. Das Begleiten des neuen Mitarbeiters festigt die Bindung und lässt ein positives Employer Branding entstehen. Dies setzt einen strukturierten und fairen Aufnahmeablauf für alle Hierarchiestufen voraus. Wichtig ist beim Onboarding der Generation Z vor allem schnelles und häufiges Feedback. Das brauchen die Zler, um bei Stange gehalten zu werden. Großzügiges Feedback sind die meisten von ihnen seit Kindertagen gewöhnt. Geben Sie daher häufiger Rückmeldung wie sonst, und auch für Handlungen, die Sie eigentlich für selbstverständlich halten.

18. Kleine Geschenke begründen eine Freundschaft

In der Psychologie spricht man von der Macht des ersten Eindrucks. Der ist so stark, dass er alles danach überschatten kann. Der erste Tag im neuen Job: Die Bewerberin ist neugierig und möchte sich beweisen. Ist aber auch unsicher und kennt die Kollegen nicht. Der Einstieg ist entscheidend: Steht auf ihrem Schreibtisch noch ein Foto der Familie ihres Vorgängers? Und in der Schublade liegt ein gebrauchtes Taschentuch? Oder zeigt man ihr, dass sie willkommen ist? Zum Beispiel durch eine Willkommenskarte, auf der die Kollegen unterschrieben haben. Kleine Geste – große Wirkung.

Quiet Quitting

Schlechte Arbeitsbedingungen, der Willkür des Chefs ausgesetzt sein, Überstunden und obendrauf eine schlechte Bezahlung – indem millionenfach geklickten Video auf TikTok ruft der Unterhaltungskünstler Zaid Zeppelin zu »Quiet Quitting«, zu Deutsch, der »Stillen Kündigung« auf. Arbeitnehmer sollten nicht mehr arbeiten, als sie bezahlt werden. Das wäre Ausbeutung. Doch dem Arbeitgeber die Kündigung auf den Tisch knallen, geht nicht, zumal man auf das Geld angewiesen ist. Mit einer stillen Kündigung jedoch legt der Arbeitnehmer gegenüber sich selbst den Anspruch ab, sich mit seinen beruflichen Aufgaben zu identifizieren. Oder sich gar aufzuarbeiten. Er macht nur noch das, für das er bezahlt wird – »Dienst nach Vorschrift«. Vieles wird dadurch erträglicher, weil der Einzelne selbst weniger in der Pflicht steht. Der Trend zum Quiet Quitting wird derzeit vor allem der Generation Z zugeschrieben. Internationale Forschungen finden hierzu am Institut für Generationenforschung gemeinsam mit der Lisbon School of Economics & Management statt.

19. Bieten Sie »Berufseinstiegs-begleiter« – aber nennen Sie die bloß nicht so

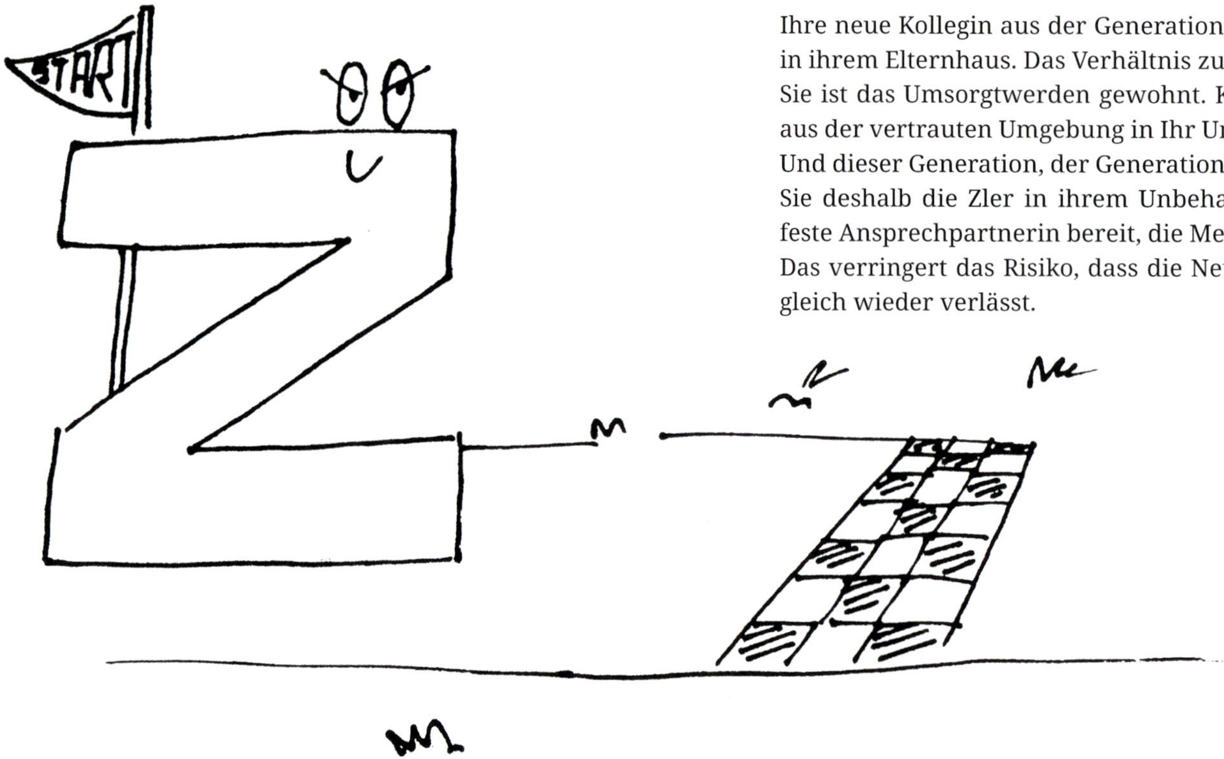

Ihre neue Kollegin aus der Generation Z wohnt vielleicht noch in ihrem Elternhaus. Das Verhältnis zu ihren Eltern ist bestens. Sie ist das Umsorgtwerden gewohnt. Klar, dass ihr der Schritt aus der vertrauten Umgebung in Ihr Unternehmen schwerfällt. Und dieser Generation, der Generation Z, fällt er schwer. Holen Sie deshalb die Zler in ihrem Unbehagen ab, stellen Sie eine feste Ansprechpartnerin bereit, die Mentorin und Beraterin ist. Das verringert das Risiko, dass die Neue Ihr Unternehmen sogleich wieder verlässt.

20. Zeigen Sie Ihren Neuen Entwicklungsmöglichkeiten auf

Wie motiviert man eine Generation, die schon alles zu haben scheint?

58 % der Zler trauen sich unabhängig vom Bildungsgrad eine Führungsposition zu. Mittels eines psychologischen Verfahrens haben wir die Führungsmotivation gemessen und festgestellt, dass die Bereitschaft, Führung zu übernehmen, bereits bei jungen Menschen vorhanden ist. Das ergab unsere Studie. Sie als Führungsperson wissen, diese Anforderung ist unrealistisch. Trotzdem müssen Sie dem Anspruch Rechnung tragen.

Zeigen Sie deshalb von Anfang an Perspektiven auf, auch ungefragt. Die Zler müssen im Unternehmen die realistische Möglichkeit haben, sich zu entwickeln. So motivieren Sie die Generation Z für einen langfristigen Weg in Ihrem Unternehmen.

Motivation

Motivation heißt Bewegen (lat. movere). Motivatoren sind also Beweggründe für das eigene Verhalten. Man unterscheidet klassischerweise zwischen extrinsischen und intrinsischen Motivatoren. Extrinsische Motivatoren kommen von außen, Dinge wie Geld und Anerkennung. Intrinsische Faktoren kommen von der Person selbst. Der Spaß an der Tätigkeit an sich, die eigene Weiterentwicklung.

21. Seien Sie nicht bossig

Den Spruch kennen Sie noch, oder? »Lehrjahre sind keine Herrenjahre.« Haben Sie als junger Mensch vielleicht selbst zu hören bekommen. Würde sich die Generation Z nicht so ohne Weiteres bieten lassen. Dazu ging es den Zlern immer zu gut; sie sind anspruchsvoll, wollen von Anfang an was leisten, aber dafür auch wertgeschätzt werden. Also sparen Sie sich harsche Worte wie: »Sei nicht aus Zucker.« »Dafür ist jetzt keine Zeit.« Oder: »Stell dich bitte nicht so an.« Machen Sie es nicht so wie ein Ausbilder aus der Werkzeugbranche, der es seit 20 Jahren immer gleich macht. Der schimpft über die heutige Jugend, die sei ja verweichlicht, kriege nichts richtig gebacken, halte nicht durch. Er kommt nicht auf die Idee, dass es auch an ihm und seiner Einstellung liegen könnte, wenn die Neuen Praktikum oder Ausbildung abbrechen. Auch an seinem Ton. Also: Behandeln Sie die Zler auf gleicher Augenhöhe, mit Respekt.

New Work

Bereits in den 1970er Jahren hatte der österreichisch-amerikanische Philosoph Frithjof Bergmann das Ende traditioneller Arbeitsverhältnisse diagnostiziert und ein Konzept entwickelt, wie die »neue« Form der Arbeit – »New Work«, wie er sie nannte – aussehen sollte. Bergmanns Konzept stammt aus einer Zeit, in der starre Arbeitsformen das Arbeiten vieler Menschen dominierten und ihnen große psychische und physische Lasten aufbürdeten. Sein Ziel war es, ein Arbeitsmodell zu schaffen, in welchem sich Menschen weniger durch vorgegebene Strukturen eingeengt fühlen, und mehr Entscheidungen selbst treffen können. Jeder sollte seinen Vorstellungen nach seine Arbeit so gestalten können, dass sie zur Zeit passt. Er war der Meinung, dass Arbeit zur Selbstverwirklichung und Persönlichkeitsentwicklung beitragen soll, sie soll selbstständiges Handeln und Kreativität ermöglichen und dabei gleichzeitig genug Freiheit lassen, um eigene Entscheidungen treffen zu können.

Homeoffice, Telearbeit und flexible Arbeitszeiten werden zwar häufig mit dem Konzept New Work gleichgesetzt, sind aber tatsächlich nur Maßnahmen, um die Vision von New Work umzusetzen.

5.4 Die Bindung ans Unternehmen

22. Fragen Sie Zler, wenn Sie Zler begeistern möchten

Eine weltweit agierende Firma nahe Düsseldorf baut einen 300-Quadratmeter-Raum, der bunter und ausgefallener nicht sein kann. Ziel: Die Generation Z begeistern und cool sein. Problem: Die Zler nutzen den modernen Working Space nicht. Warum? Weil sie niemand gefragt hat.

Planung und Bau wurden komplett von Xlern durchgeführt. Was »die Jungen« wollen, wurde nur vermutet. Die Raumplanung wurde von den Zlern als »90ies« empfunden.

Deshalb: Zler miteinbeziehen. Die besten Experten für deren Bedürfnisse sind sie selbst.

VUCA-Welt

Das englische Akronym VUCA steht für Volatility (Natur und Dynamik des Wandels), Uncertainty (Unvorhersehbarkeit), Complexity (Komplexität und Interdependenz der Welt) und Ambiguity (Ambiguität der Welt und Potenziale für falsche Annahmen). Der Begriff entstand schon 1987 durch das amerikanische Militär, das sich auf die vielschichtige Welt und die asymmetrische Kriegsführung (Guerillakriege, Selbstmordattentäter, Straßenkämpfe) nach dem Kalten Krieg (Frontalkrieg) bezog. Heutzutage wird er vor allem genutzt, um komplexe Probleme wie Globalisierung und Digitalisierung für Unternehmen greifbarer zu machen.

23. Seien Sie selbst digital kompetent

Kürzlich auf der Firmenfeier einer großen Versicherung: Frank ist 56 Jahre alt und leitet die Abteilung »Leben« mit knapp 100 Angestellten. Sein neuer Mitarbeiter Markus gehört zur Generation Z. Frank zeigt seinem neuen Kollegen ein Video auf seinem Handy. Markus nimmt es in die Hand und macht mit den Lautstärketasten an der Seite den Ton lauter. Frank fragt: »Wie hast du das denn gemacht?« Markus denkt sich: »Der Typ verdient 150k im Jahr und weiß nicht, wie man die fünf Tasten an seinem Smartphone bedient, was ist los mit dem? Hängen geblieben!«

Für einige Zler wirken Vorgesetzte nicht wie kompetente Führungskräfte, sondern wie Oldtimer aus einer anderen Zeit. Seien Sie digital kompetent!

Arbeit 4.0

Ein aus der EDV-Programmierung übertragenes Versionsschema. Die angehängte Nummer ist eine Versionsnummer, unterscheidet einzelne Versionen einer Software und kennzeichnet das Weiterentwickeln der Software. Die Arbeit 4.0 ist aus dem Marketingbegriff »Industrie 4.0« entlehnt. Industrie 4.0 war der Name des Arbeitskreises der Promotorengruppe Kommunikation der Forschungsunion. Im Oktober 2012 übergab der Arbeitskreis unter Vorsitz von Henning Kagermann Umsetzungsempfehlungen an die Bundesregierung. Erst später wurden die Versionen bezeichnend. Der Begriff scheint in der deutschen Wirtschaft verankert zu sein. Die Sinnhaftigkeit ist fraglich. In den wenigsten Fällen wissen die Menschen jedoch, was denn 1.0, 2.0, 3.0 oder gar 4.0 ist und was wir bei 5.0 erwarten. Zur Aufklärung, die Versionen der Industrie: 1.0 Dampf, 2.0 Elektrizität, 3.0 Einsatz von IT/Automatisierung/SPS.

Die »Industrie 4.0« feiert große Beliebtheit, und allem, was einen neuen Anstrich braucht und als zeitgemäß gelten soll, wird die 4.0 angeheftet. Ein Xler würde dies als »Alter Wein in neuen Schläuchen« bezeichnen. Mittlerweile nimmt die 4.0 weite Züge an und ist an jeglichen Bereich angeheftet: Leadership 4.0, Wirtschaft 4.0, Prozesse 4.0, Logistik 4.0, Consulting 4.0 und viele weitere. Im englischen Sprachgebrauch wird diese Thematik als »Internet of Things« (IoT) bezeichnet. IoT zielt auf die Kommunikation der Dinge untereinander ab. Die Maschine kommuniziert selbst, dass sie ein neues Ersatzteil braucht. Das Ersatzteil kommt automatisch zur Maschine und baut sich obendrein selbst ein.

24. Seien Sie vorsichtig wie mit einer Pusteblume

Haben Sie einen Garten? Was nervt Sie besonders, nötigt Ihnen aber vielleicht auch Respekt ab – der Löwenzahn? Wenn wir von Generationen sprechen, sind die Angehörigen der Generation X der Löwenzahn. Die alten Römer hatten ihre Straßen mit Kies als Fundament präpariert, um zu verhindern, dass der Löwenzahn sie durchbricht. Tut er trotzdem. Bedeutet für uns: Die Xler lassen sich nicht durch Widerstände entmutigen, beißen sich durch. Die können auch mal ein hartes Wort ab.

Das Symbol für die Generation Z ist dagegen eher die Pusteblume. Die Zler sind empfindlicher. Lassen sich durch einen harschen Windhauch schnell vertreiben. Und haben ja auch die Wahl. Arbeit gibt es genug, die Zler können wählen. Also, machen Sie nicht zu viel Wind. Seien Sie empathisch.

25. Schmeißen Sie die Neuen nicht ins kalte Wasser

Früher bewarben sich noch Erwachsene. Jedenfalls was die Studenten anging. Die Bewerber hatten ein gewisses Alter und einige Erfahrung. 13 Jahre Schule statt zwölf, anderthalb Jahre Bundeswehr oder zwei Jahre Zivildienst, fünf bis sechs Jahre Studium statt drei im Bachelor. Die ließen sich schon mal ins kalte Wasser schmeißen. Die Zler wollen das nicht. Sie sind jung, sie haben noch nicht so viele Erfahrungen gemacht, mussten nicht neben ihrer Ausbildung Geld verdienen. Und ihre Eltern haben sie schließlich auch nicht ins kalte Wasser geworfen.

Halten Sie also lieber Schwimmflügel bereit, und achten Sie darauf, dass das Wasser mindestens lauwarm ist. Der Bademeister sollte auch möglichst in der Nähe sein.

26. Erkennen Sie intuitives Verhalten im Digitalen an

So wie der Borkenkäfer unter der Borke lebt, lebt die Generation Z in der digitalen Welt. Sie ist damit aufgewachsen und somit darin kompetenter als alle Generationen davor. Seien Sie nicht beleidigt, zeigen Sie sich nicht trotzig, sondern freuen Sie sich. Nutzen Sie dieses unglaubliche Potenzial. Auch wenn es Ihnen schwerfällt: Betrachten Sie die jungen Neuen nicht als Lernende, sondern als Lehrende. Bitten Sie um Hilfe. Seien Sie sich nicht zu schade, dass Ihre Herrenjahre vielleicht sogar Lehrjahre werden.

27. Ermöglichen Sie Teamarbeit

Zler sind keine Einzelkämpfer und wollen keine sein. Teamarbeit ist für sie wichtig. Sie fühlen sich am wohlsten, wenn sie mit ihren »Besties« zusammenarbeiten und den Arbeitsalltag »sharen«. Sie wollen auch keine Büros nur allein für sich, sondern bevorzugen Teamarbeitsplätze. Teamarbeit kommt ihnen auch deshalb gelegen, weil sie nicht persönlich zur Verantwortung gezogen werden, wenn sie als Team einen Fehler begehen. Machen Sie also Ihre Arbeitsplätze teamfähig. Kombinieren Sie Einzelaufgaben zu Teamaufgaben. Die Zler werden es Ihnen danken.

28. Beachten Sie das FOMO

Ich like, also bin ich – die Generation Z definiert sich über das Leben auf Social-Media-Plattformen. Also über Selbstdarstellung. Dabei sind Trends schnelllebiger als je zuvor. Ein Video zu liken, kann an einem Tag dem sozialen Status nutzen und am anderen Tag schon wieder out sein. Die Zler liegen daher ständig auf der Lauer, um bloß nichts Wichtiges zu verpassen. Das nennt sich FOMO, »fear of missing out«. Diese Angst gibt es auch in Bezug auf die Arbeitsplatz- oder Studiengangswahl. Es ist die Angst davor, dass mir durch eine Zusage vielleicht eine bessere Stelle oder ein lukrativerer Job flöten gehen könnte. Das nennt man »Fear of best opinion«.

Es ist auch reichlich schwierig, bei über 21 000 verschiedenen Studiengängen, die es in Deutschland gibt, den einen »richtigen« auszuwählen. Ständig beschleicht einen das Gefühl, die falsche Option gewählt zu haben.

Nehmen Sie diese Angst ernst. Kommen Sie deshalb nicht auf Ideen wie ein Handyverbot am Arbeitsplatz. Schließlich wollen Sie sich nicht lächerlich machen. Nörgeln Sie auch nicht herum, sondern interessieren Sie sich für diese Lebenswelt. Es könnte auch die Lebenswelt Ihrer Kunden sein. GenZ ist mit dem Smartphone groß geworden, sie ist so etwas wie die dritte Hand. Muss ein Zler das Smartphone weglegen, beschreiben einige Zler mittlerweile schon eine Art Phantomschmerz dieser dritten Hand. »Nomophobia« nennen das einige Wissenschaftler, die »No Phone Phobia«, die Angst davor, dass das Smartphone nicht in der Nähe ist, man keinen Empfang hat oder der Akku leer ist. Das sollten Sie nicht unterschätzen.

Möchten Sie hierzu mehr wissen, empfehle ich Ihnen mein Buch »Cyberpsychologie in der Arbeitswelt. Was Führungskräfte über die Auswirkungen des Internetkonsums wissen müssen.« Erschienen 2021 im Hanser Verlag.

»Man sieht Mount Lu nicht, wenn man auf ihm steht!«

(Buddhistische Weisheit)

6

Ein Blick in die Zukunft: Die Folgegeneration *Generation Alpha*

»Die einzige Konstante
ist der Wandel.«

Es ist ein Sonntagmorgen im Frühling, einer der ersten richtig warmen Tage des Jahres. Im Haus der Familie Gärtner sind bereits alle Fenster geöffnet und der Duft des Frühlings zieht durch das Haus. Die Familie Gärtner, das sind Lisa, Thomas und deren zwei Kinder Amelie und Jonas im Alter von drei und fünf Jahren. Auf dem Frühstückstisch liegen Smartphone und Tablet – denn Thomas checkt morgens immer die Aktienkurse und E-Mails. Auch sonntags. Seine Frau nutzt die Gelegenheit, um mit ihrer besten Freundin über WhatsApp Sprachnachrichten auszutauschen. Am Nachmittag steht nämlich ein gemeinsamer Ausflug an, der noch geplant werden muss. Die kleine Amelie schaut sich auf ihrem Smartphone nebenbei ein Kindervideo an. Lediglich Jonas konzentriert sich auf sein Frühstück.

Da die Familie am Abend grillen möchte, gibt sie ihrem digitalen Sprachassistenten die Aufgabe, sie um 17:00 Uhr an die Vorbereitung zu erinnern. Er steht mittig auf dem Küchentisch und hört zu.

Das ist das Jahr 2023.

Digitale Dienstleistungen haben den Alltag vieler Familien durchdrungen. Festnetztelefon oder Fernseher besitzt die Familie Gärtner nicht mehr, dafür aber ein schnelles Wi-Fi und smarte Geräte, die ihnen den Alltag erleichtern.

Die heutigen Kinder erleben das als Selbstverständlichkeit.

Sehr oft werden wir gefragt: »Was kommt denn eigentlich nach der Generation Z? Fängt alles wieder von vorne an?«

Tatsächlich, die Folgegeneration trägt den Titel Generation Alpha. Sie umfasst alle ab 2011 Geborenen. Auch wenn die meisten der Generation Alpha erst im Kindergarten oder in der Grundschule sind, ist es wichtig, schon heute über sie nachzudenken. Denn auch die »Alphas« werden wieder eine einzigartige Generation sein, die unser Denken und Handeln beeinflussen wird.

Die Generation Alpha wird deutlich stärker und selbstverständlicher digital vernetzt sein, als es die Generation Z heute ist. Weltweit verbringen Vorschulkinder heute schon viele Stunden täglich mit den digitalen Geräten – das ist die Generation Alpha.

Um herauszufinden, wie viele Alphas welche digitalen Medien nutzen, hat das Institut für Generationenforschung die wichtigsten Bezugspersonen der Alphas, die Eltern und das Personal in Kindertagesstätten, Kindergärten, Grundschulen und Kinderhorten befragt: »Welche Medien dürfen die Kinder nutzen?« So konnte über Beobachtung das Mediennutzungsverhalten von mehr als 22 500 Kindern ermittelt werden.

Medium	Prozent
Fernseher	45,49 %
Spielen auf digitalen Geräten	29,75 %
Tablet	28,58 %
Smartphone	24,93 %
Lernmedien	20,30 %
n = 22511 Kinder im Alter von 0 bis 10 Jahren, Quelle: Erhebung Institut für Generationenforschung, 2021	

Wodurch werden die Wertvorstellungen dieser jungen Menschen geprägt? Durch smartes Spielzeug z. B. Oder dadurch, dass zukünftig Spielzeug mit dem 3-D-Drucker selbst gedruckt wird. Wenn Kinder der Generation Alpha versuchen, durch Wischen über die Scheibe eines Fernsehers das Programm zu wechseln, zeigt uns das: Die Welt, in der man mit Fernbedienungen Geräte bedient, ist für diese Generation nicht mehr bekannt. Für sie sind Fernbedienungen altmodisch. In der Regel lernen sie, auf Touchscreen-Bildschirmen zu scrollen, bevor sie sprechen können. Die ganzen technischen Errungenschaften, die ältere Generationen in langsamen Entwicklungsstadien kennengelernt haben, sind für die Generation Alpha bereits da.

In der bundesweit größten Erhebung über die Generation Alpha wurden über 1000 pädagogische Fachkräfte, die in Kindertagesstätten, Kindergärten, Grundschulen und Kinderhorten arbeiten, befragt. In einem Fragebogen beurteilten sie die Kinder, die in ihren Gruppen sind. Nach der Datenauswertung gab es für einige teilnehmende Pädagogen einen Workshop, um die Ergebnisse zu validieren.

Die pädagogischen Fachkräfte gaben an, dass 15 % der Kinder ihrer Meinung nach überbehütet werden. Davon sind 62 % Jungen und 38 % Mädchen. Ein Kind wird laut den pädagogischen Fachkräften überbehütet, wenn die Eltern ihren Kindern zu viele Aufgaben abnehmen, die sie eigentlich schon selbst könnten. Das Kind macht viele Erfahrungen nicht, die für seine Entwicklung eigentlich wichtig wären, wie beispielsweise selbständig mit dem Besteck zu essen oder sich beim Abholen selbst die Schuhe anzuziehen. Doch warum tun die Eltern das?

Die vielen Optionen, die Eltern heute für die Erziehung ihrer Kinder haben, machen es nicht leicht, sich für eine Erziehungsmaßnahme, Sache oder Aktivität zu entscheiden (Stichwort: »**Fear** of best opinion«). Ob auf Websites, YouTube oder Social Media, bei den eigenen Eltern, Freunden oder bei Verwandten – überall kann man sich über Erziehung informieren, jeder hat seine eigene Wahrheit. Und schließlich möchten es die Eltern ja richtig machen.

»Der wahrgenommene Druck auf die Eltern verstärkt sich immer mehr. Zudem lesen immer mehr Eltern irgendwelche schlauen Ratgeber, anstatt auf ihr Bauchgefühl zu hören und lassen sich dadurch sehr viel mehr verunsichern.«

(Erzieherin, 45 Jahre alt, Teilnehmerin am Workshop)

Die pädagogischen Fachkräfte berichteten, dass Eltern den Kindern weniger Grenzen setzen. Sie dürfen bei sehr viel mitentscheiden, auch wenn sie das eigentlich noch nicht können. Oft geben die Eltern aus Angst, ihr Kind könnte frustriert oder wütend sein, nach. Um nicht anzuecken, darf das Kind seinen Willen durchsetzen (vgl. Maas 2021b).

Man kann sich vorstellen, wie eine derartige Entwicklung sich auf den späteren Arbeitsmarkt auswirken kann ...

Was wird für diese Generation selbstverständlich sein? Spracherkennung im Auto oder beim Smartphone, Routenberechnung im Navigationsgerät – das ist nichts Neues mehr. Was dahintersteckt, wird sich jedoch rasant weiterentwickeln. Künstliche Intelligenz als Technologie wird für die Generation Alpha selbstverständlich in den Alltag integriert sein. Zukünftig werden viele Jobs mit repetitiven und simplen Aufgaben automatisiert werden. Aber auch viele Berufsbilder, für die bislang nur Hochqualifizierte infrage kamen, werden wegfallen. Vom Radiologen bis zu bestimmten Anwaltstätigkeiten – die Technologie wird große Teile der Berufswelt verändern und auch neue Jobs entstehen lassen. Eine neue industrielle Revolution.

Ganz besonders wird es die Generation Alpha gewohnt sein, Services zu nutzen, die genau auf sie zugeschnitten sind. Das Recruiting wird sich dieser Anforderung zunehmend anpassen: durch Big Data. Je selbstverständlicher digitale Produkte genutzt werden, desto mehr (personenbezogene) Daten werden preisgegeben. Das wird es Arbeitnehmern und Arbeitgebern erleichtern, gemeinsame Bedürfnisse kennenzulernen. Diese werden letztlich darüber entscheiden, ob ein Kontakt zustande kommen wird. Die klassische Bewerbungsmappe wird für die Generation Alpha ein Relikt vergangener Tage sein.

Die Eltern der Generation Alpha gehören zur Generation Y – wie Lisa und Thomas Gärtner –, die selbst digital versiert sind und ursprünglich Digital Natives 1.0 genannt wurden. Sie werden von Beginn an darauf achten, den Kindern das nötige Handwerkszeug für die digitale Welt mitzugeben. Deshalb wird sich die Generation Alpha besser darin bewegen als die Generation Z. Sie werden schneller, versierter und auch reflektierter mit digitalen Produkten umgehen. Noch mehr wie die Generation Z wird die Generation Alpha kein Verständnis für Lebensbereiche haben, in denen Vernetzung nicht gegeben ist. In denen sie ihr Smartphone nicht nutzen können.

Die Generation Alpha wird aber auch eine Generation der Technikhörigen sein. Je mehr alle Lebensbereiche digital durchdrungen und vermessen werden, desto weniger benötigt der Mensch eine innere Stimme. Hat man gut geschlafen? Die eigene Matratze hat Schlafrhythmus und Bewegungen gemessen und an das Smartphone gesendet. Hat man sich genügend bewegt? Eine Gesundheitsapp gibt an, was es zu optimieren gibt und wie viele Kalorien das Abendessen haben darf. Wohlbefinden und Befindlichkeit wird zukünftig vermehrt durch Algorithmen bewertet, nicht durch Bauchgefühle. Bekanntschaften und mögliche Partner werden in sozialen Netzwerken ebenfalls auf Basis von Wahrscheinlichkeiten vorgeschlagen. Das individuelle Zuschneiden aller digitalen Services auf den Menschen ist letztlich nur das Produkt kollektiver Datenverarbeitung – und damit viel mehr kollektivierend als individualisierend. Was Künstliche Intelligenzen und deren Algorithmen vorgeben, wird für die Generation Alpha handlungsprägend sein. Die Fähigkeit, diese Entwicklungen mit gesunder Skepsis zu betrachten und deren Funktionsweisen zu reflektieren, wird die größte Herausforderung für diese Generation. Der Mut, sich seines eigenen Verstandes in einer digitalen Welt zu bedienen, Immanuel Kants einstiger Leitspruch der Aufklärung, wird für die Generation Alpha entscheidend sein.

Wir erwarten, dass die Generation Alpha, wie auch die Generation Z, Werte wie Toleranz, Nachhaltigkeit und Diversität stärker vertreten wird. Die Vernetzung mit Gleichaltrigen in sozialen Netzwerken lässt die Welt für sie näher zusammenwachsen. Religiöse und sexuelle Freiheit werden für sie vollkommen normal sein – genau wie Forderungen nach mehr Nachhaltigkeit. Wird sich diese Generation politisch für Nachhaltigkeit einsetzen? Wird Sie die digitalen Dienstleistungen der Moderne unhinterfragt annehmen? Wie wird diese Generation auf eine sich schnell verändernde Arbeitswelt reagieren? Für einige Aspekte gibt es schon Hinweise, andere sind noch nicht absehbar. Was wir jedoch wissen: Der Unterschied zwischen den Lebenswelten der Generationen wird beachtlich sein.

7

Das Generation-Z-Vokabular

»*Hey Diggie, chill mal deine Basis*

Dein Zitier-Dude«

31er	Als 31er bezeichnet man einen Verräter. Der Begriff kommt aus Deutschland und beruft sich auf den Paragraphen 31 des Betäubungsmittelgesetzes, wo Strafmilderung für Kooperation vorgesehen ist

A

AF	As fuck
Alter	Bezeichnung für einen anderen Menschen, kann abwertend oder kumpelhaft sein
Ameisentitten	Gänsehaut
Appler	Eine Person, die mit ihren Apple-Produkten angibt
Askhole	Eine Person, die viele dumme Fragen stellt
Auf deinen Nacken	Bedeutet so viel wie: »Die Rechnung geht auf dich«, z. B. im Restaurant
Auf meinen Nacken	Bedeutet so viel wie: »Die Rechnung geht auf mich«, z. B. im Restaurant
Axelfasching	Achselhaare

B

Babo	Begriff wurde durch einen deutschen Rapper bekannt, bedeutet »Anführer« oder »Chef«
Bedgasm	Ins Bett fallen und sich sofort wohlfühlen
Bestie	Beste Freundin/bester Freund
Bodenlos	»unglaublich«, »unerhört«, »unmöglich«
Borderitis	Grenzen nicht akzeptieren
Boy-/Girlfriend-material	Paare, die gut zusammenpassen
Bratan	Worterfindung eines deutschen Rappers, bedeutet »bester Freund«
Breiern	Sich übergeben (erbrechen) und dennoch weiterfeiern
Bro oder Bre	kommt vom englischen »brother« und meint einen guten Freund
Bubatz	Bubatz ist ein Ausdruck für Cannabis oder Joint – er wurde sogar schon von der deutschen FDP zum Thema Cannabis-Legalisierung genutzt. Moment, ist er dann überhaupt noch »lit« (cool)? Das wird man wohl im neuen Jugendwort-Ranking im Herbst sehen.

C

Cellfish	Eine Person, die vor anderen lange und laut am Handy telefoniert
Chairdrobe	Einen Stuhl als Garderobe nutzen
Cheche	Statt »Geringverdiener« kann man Verlierer heute mit »Cheche« beschimpfen – dank einem viral gegangenen TikTok-Video. Was das heißt? Das weiß keiner so genau.

Chill mal dein Leben	Bedeutet so viel wie: »Beruhig dich mal«, »Sei nicht so ernst«
Chinning	Bewusst Fotos von sich selbst mit Doppelkinn machen
Cringe	Jemand ist peinlich, man schämt sich für jemand anders, Äquivalent von Fremdscham

D

Destinesia	Wenn man vergisst, wieso man zu einem bestimmten Ort gehen wollte
Digga	ähnlich wie »bro«, hat nichts mit dem Körpergewicht zu tun, ursprünglich mit jemanden »dick« sein
Doppelbanger	Eine Person, mit der jemand Geschlechtsverkehr hatte, die ihm oder ihr ähnlich sah

E

Ehrenmann/ Ehrenfrau	Anerkennenswertes Verhalten
Einwrappen	Sich in eine Decke einrollen (ähnlich einem Wrap)
Errorist	Jemand, der immer wieder die gleichen Fehler macht
Exting	Per SMS oder WhatsApp eine Beziehung beenden

F

Flexen	»Flexen« bedeutet so viel wie angeben, beispielsweise mit einem teuren Auto. Fleißigen Internetnutzern ist »weird flex but OK« schon länger ein Begriff – eine schnippische Antwort darauf, wenn jemand mit komplett unsinnigen Dingen prahlt.
Foodporn	beschreibt, dass etwas Essbares so gut aussieht oder schmeckt, dass man sterben könnte.
Fummelbunker	Diskothek

G

Glucosehaltig	Süß (zuckerhaltig)
Gomemond	»unbesiegbar«, »stark« oder »unverwundbar«, bezeichnet beim Gaming einen Spielmodus, bei dem man nicht verwundbar ist
Gymkie	Extremer bzw. regelmäßiger Fitnessgänger

I

I bim's	scherzhaft »Ich bin's«
Ich küss dein Auge	Ich danke dir (ursprünglich aus dem Türkischen entlehnt)/ich habe dich gern
Igers	Jemand, der Instagram nutzt

K

Kocum	Bester Freund

L

Lauch	Ein dünner, hagerer, trotteliger Mensch
Lindnern	Etwas lieber gar nicht machen als schlecht
Lit	»super«, »genial«, »toll«, »aufregend«
Lituation	Eine als »cool« empfundene Situation
Lmgtfy	Let me google that for you – Ausdruck, wenn jemand eine unnötige Frage stellt
Lost	Jemand, der unsicher, ahnungslos oder unentschlossen ist

M

Macher	Jemand, der Dinge schnell in die Tat umsetzt
Mashallah	Ausdruck, wenn etwas sehr Gutes passiert ist, kommt aus dem arabischen.
Mastrudating	Alleine ausgehen ins Kino oder zum Essen
Merkeln	Keine Entscheidung treffen/nichts tun
Mietmaul	Rechtsanwalt

N

Napflixen	Während eines Films (z. B. Serie bei Netflix) einschlafen
Netflixen	Netzflix benutzen
No front	wird einem Satz vorangestellt, um auszudrücken, dass das Folgende nicht als Beleidigung verstanden werden soll
Nonversation	Eine völlig unnütze Kommunikation (schlechter Small Talk)

P

Pflasterporsche	Rollator

R

Rant	Ausrasten
Red Flags	Mit »Red Flags« sind deutliche Warnzeichen gemeint, die signalisieren, dass man mit einer bestimmten Person lieber keine Beziehung eingehen sollte.
Relatable	Wenn etwas »relatable« ist, dann kann man es gut nachvollziehen und sich damit identifizieren.
Rumoxidieren	Abhängen/nichts tun

S

Screenitus	Gefühl, zu lange auf den PC-Bildschirm geschaut zu haben
Shady	etwas ist zwielichtig
Sheeesh/Sheesh/Sheeeesh	bedeutet »Ach du meine Güte« oder »wirklich«

Siu	Ausdruck der Freude, ähnlich wie »Juhu!«
Slay	etwas außergewöhnlich gut machen
Smash	andere Bezeichnung für Geschlechtsverkehr
Snackosaurus	Ein verfressener Mensch
Sus	kommt vom englischen »suspicious« und bedeutet »verdächtig« oder »suspekt«

T

Textpectation	Auf eine Antwort warten, z. B. bei WhatsApp
Tinderjährig	Alt genug sein, um Tinder nutzen zu dürfen
Tindern	Tinder benutzen

V

Verbuggt	Voller Bugs (Fehler), Beispiel: Du bist so verbuggt, du nervst!

W

Wack	Langweilig (uncool)
Wyld	wird verwendet, wenn Situationen besonders intensiv, aufregend oder verrückt sind

Y

Yolo	»you only live once« bedeutet, einfach mal etwas Riskantes auszuprobieren, auch wenn es unvernünftig ist

Z

Zuckerbergen	Jemanden stalken

8 Literatur

Albert, M. et al. (Hrsg.) (2011): *Jugend 2010: eine pragmatische Generation behauptet sich* (Orig.-Ausg., 2. Aufl.). Frankfurt am Main: Fischer Taschenbuch Verlag

Aslam, Salman (2022): *Snapchat by the Numbers: Stats, Demographics & Fun Facts*. Abgerufen von *https://www.omnicoreagency.com/snapchat-statistics/*

Baumgart, F. (Hrsg.) (2008): *Theorien der Sozialisation: Erläuterungen, Texte, Arbeitsaufgaben* (4., durchges. Aufl.). Bad Heilbrunn: Klinkhardt

Bebnowski, D. (2012): *Generation und Geltung: Von den »45ern« zur »Generation Praktikum« übersehene und etablierte Generationen im Vergleich*. Bielefeld: transcript

Becker, H. A. (2008): *Karl Mannheims »Problem der Generationen« – 80 Jahre danach*. Abgerufen von *https://www.ssoar.info/ssoar/bitstream/handle/document/26971/ssoar-zff-2008-2-becker-karl_mannheims_problem_der_generationen.pdf?sequence=1&isAllowed=y&lnkname=ssoar-zff-2008-2-becker-karl_mannheims_problem_der_generationen.pdf*

Beer, R. (2007): *Erkenntniskritische Sozialisationstheorie: Kritik der sozialisierten Vernunft*. Abgerufen von *http://dx.doi.org/10.1007/978-3-531-90553-2*

BITKOM research (2014): *Kinder und Jugendliche 3.0*. Abgerufen von *https://www.bitkom.org/Presse/Anhaenge-an-PIs/2014/April/BITKOM-PK-Kinder-und-Jugend-3-0.pdf*

Bude, H. (2005): »Generation im Kontext. Von den Kriegs- zu den Wohlfahrtsstaatsgenerationen«. In Jureit, U.; Wildt, M.: *Generationen: Zur Relevanz eines wissenschaftlichen Grundbegriffs*. Hamburg: Hamburger Edition, S. 28 – 44

Calmbach, M. et al. (2016): *Wie ticken Jugendliche 2016? Lebenswelten von Jugendlichen im Alter von 14 bis 17 Jahren in Deutschland*. Wiesbaden: Springer

Deutsches Jugendinstitut (DJI) (2000): *ZA3609: DJI-Jugendsurvey 2000*. Abgerufen von *https://dbk.gesis.org/dbksearch/SDESC2.asp?no=3609&search=3609&search2=&DB=D*

Ecarius, J.; Köbel, N.; Wahl, K. (2011): *Familie, Erziehung und Sozialisation*. Wiesbaden: VS Verlag für Sozialwissenschaften

Eurostat (2017): *EU: Jugendarbeitslosigkeit in den Mitgliedsstaaten 2017*. Abgerufen von *https://de.statista.com/statistik/daten/studie/249093/umfrage/jugendarbeitslosenquote-in-der-eu-und-der-euro-zone/* und *https://de.statista.com/statistik/daten/studie/74795/umfrage/jugendarbeitslosigkeit-in-europa/*

Feierabend, S.; Plankenhorn, T.; Rathgeb, T. (2016): *Jugend, Information, (Multi-) Media*. Medienpädagogischer Forschungsverbund Südwest (mpfs), (Hrsg.). Abgerufen von *https://www.mpfs.de/fileadmin/files/Studien/JIM/2016/JIM_Studie_2016.pdf*

Institut für Generationenforschung (2021): *Die Gender-Debatte*. Abgerufen von *https://www.generation-thinking.de/post/gender-studie-teil-i*

Jureit, U. (2006): *Generationenforschung*. Göttingen: Vandenhoeck & Ruprecht

Klaffke, M. (Hrsg.) (2014): *Generationen-Management: Konzepte, Instrumente, Good-Practice-Ansätze*. Wiesbaden: Springer-Gabler.

Maas, Rüdiger (2021a): *Cyberpsychologie in der Arbeitswelt. Was Führungskräfte über die Auswirkungen des Internetkonsums wissen müssen*. München: Hanser

Maas, Rüdiger (2021b): *Generation lebensunfähig. Wie unsere Kinder um ihre Zukunft gebracht werden*. 2. Auflage. München: Yes Publishing

Maas, Rüdiger (2021c): *Neueste Generationenforschung in ökonomischer Perspektive. Reichen Generation X, Y, Z zur Beschreibung der Wirklichkeit aus?* Stuttgart: Kohlhammer

Mannheim, K. (1964): »Das Problem der Generationen«. In ders.: *Wissenssoziologie. Auswahl aus dem Werk*. Hrsg. von Kurt H. Wolff. Neuwied/Berlin: Luchterhand

Meta (2022): *Meta Reports Fourth Quarter and Full Year 2021 Results*. 02. 02. 2022, Menlo Park. Abgerufen von *https://s21.q4cdn.com/399680738/files/doc_financials/2021/q4/FB-12.31.2021-Exhibit-99.1-Final.pdf*

Ntv (2016): *Augsburg installiert Ampeln im Boden*. Abgerufen von *https://www.n-tv.de/panorama/Augsburg-installiert-Ampeln-im-Boden-article17527851.html*

O. V. (2019): *Snapchat by the Numbers: Stats, Demographics & Fun Facts*. Abgerufen von *https://www.omnicoreagency.com/snapchat-statistics/*

Parnes, O.; Vedder, U.; Willer, S. (2008): *Das Konzept der Generation: Eine Wissenschafts- und Kulturgeschichte*. Frankfurt am Main: Suhrkamp

Postbank Digitalstudie (2021): *Jugendliche in Deutschland surfen im Schnitt mehr als 70 Stunden pro Woche im Netz*. Abgerufen von *https://www.postbank.de/unternehmen/medien/meldungen/2021/august/jugendliche-in-deutschland-surfen-im-schnitt-mehr-als-70-stunden-pro-woche-im-netz.html*

Rabe, L. (2022a): *Anzahl der täglich aktiven Nutzer von Snapchat nach Regionen weltweit vom 1. Quartal 2014 bis zum 3. Quartal 2022*. Statista Research Departement, 21. 10. 2022. Abgerufen von *https://de.statista.com/statistik/daten/studie/553714/umfrage/anzahl-der-taeglich-aktiven-snapchat-nutzer-nach-regionen*

Rabe, L. (2022b): *Statistiken zu Instagram*. Statista Research Departement, 28. 11. 2022. Abgerufen von *https://de.statista.com/themen/2506/instagram/#editorsPicks*

Schäfers, B. (2001): *Jugendsoziologie: Einführung in Grundlagen und Theorien* (7., aktualisierte und überarb. Aufl.). Opladen: Leske + Budrich

Snap Inc. (2012): *Let's chat*. Abgerufen von *https://www.snap.com/en-US/news/post/lets-chat/*

Statista (2019): *Number of daily active Snapchat users from 1st quarter 2014 to 1st quarter 2019 (in millions)*. Abgerufen von *https://www.statista.com/statistics/545967/snapchat-app-dau/*

Statista (2022): *Arbeitslosenquote in Deutschland bis 2022*. Abgerufen von *https://de.statista.com/statistik/daten/studie/1224/umfrage/arbeitslosenquote-in-deutschland-seit-1995/*

Taylor, A. N. (2017): *Preschoolers' Parents Seek Out the Developmental Benefits of Technology*. Abgerufen von *https://insights.viacom.com/post/preschoolers-parents-seek-out-the-develop mental-benefits-of-technology/*

Tinder (n. d.): *Tinder | Match. Chat. Meet. Modern Dating*. Abgerufen von *https://www.gotinder.com/press?locale=de*

Urmersbach, Bruno (2022): *Jugendarbeitslosenquoten in den EU-Ländern im Oktober 2022*. Abgerufen von *https://de.statista.com/statistik/daten/studie/74795/umfrage/jugendarbeitslosigkeit-in-europa/*

Vervecken, D.; Hannover, B. (2015): *Yes I can! Effects of gender fair job descriptions on children's perceptions of job status, job difficulty, and vocational self-efficacy.* Social Psychology, 46(2), 76 – 92. Abgerufen von *https://doi.org/10.1027/1864-9335/a000229*

9

Index

Über den Autor

Rüdiger Maas hat Psychologie in Deutschland und Japan studiert. Er forschte und arbeitete ein Drittel seines Lebens im Ausland. Längere Arbeits- und Forschungsaufenthalte waren in Japan, Neuseeland, Nepal, Syrien, Kenia, den USA und der Schweiz. Später hat Maas nochmals Philosophie studiert. 2012 gründete er eine Unternehmensberatung, die Maas Beratungsgesellschaft mbH, mit Konzentration auf die Themen Rekrutierung, Prozessoptimierung, Organisations- und Personalentwicklung.

Durch seine spannenden Erlebnisse und erfrischende Herangehensweise ist er ein viel gebuchter Keynote Speaker und Interviewpartner. Maas berät Vorstände, Geschäftsführer und Topmanager diverser DAX-Konzerne, aber auch KMU sowie öffentliche Einrichtungen, Politiker und Spitzensportler.

Seit 2012 erforscht und analysiert Rüdiger Maas mit seinem Team Kohorten- und Gruppenverhalten sowie generationenbedingtes Kaufverhalten. Er gründete gemeinsam mit seinem Bruder, Wirtschaftsingenieur und Zukunftsforscher Hartwin Maas, hierzu das Institut für Generationenforschung. Schwerpunkte der Forschung liegen immer wieder auf der gegenseitigen Beeinflussung der Generationen untereinander, in Unternehmen, aber auch in der Gesellschaft.

Ein Teil seiner Studien wurde in diesem Buch verarbeitet.

Hartwin Maas

Gemeinsam mit seinem Bruder Rüdiger Maas gründete Hartwin Maas das Institut für Generationenforschung.

Hier übernimmt Hartwin Maas die Bereiche Trend- und Zukunftsforschung.

Aufgrund außergewöhnlicher Leistungen im Studium erhielt der Wirtschaftsingenieur Stipendien für den Master of International Business in den Niederlanden und einen MBA-Kurs in Malaysia. In beiden Ländern sammelte er mehrjährige Berufserfahrung, lernte die Sprachen und erlangte wertvolle Kenntnisse über Kultur, Land und Leute. Seit über 18 Jahren ist Hartwin Maas als erfolgreicher Berater für Unternehmen branchenübergreifend tätig und begleitet sie bei der Entwicklung ihrer Zukunftsstrategien. Zudem forscht er auf den Gebieten des Human Enhancement, New Work, Generationenforschung und den Zukunftsthemen: Nachhaltigkeit und Digitalisierung.

Im Rahmen seiner Vorträge und Workshops gibt Hartwin Maas Einblicke in seine Forschungsergebnisse und reflektiert über die Chancen einer Transformation der Arbeit – eine Einladung, gemeinsam über die Grenzen des Heute hinaus zu denken. Zudem gibt Maas sein Wissen als Gastdozent an verschiedensten Universitäten im In- und Ausland weiter.

Institut für Generationenforschung

Das Institut für Generationenforschung besteht aus Psychologen, Soziologen und Wirtschaftswissenschaftlern der Generationen Babyboomer, X, Y und Z und Alpha. Alle Forscher sind beratend tätig. Untersucht werden die Lebenswelten der verschiedenen Generationen, das Kommunikations- und Konsumverhalten, die Wahrnehmungen sowie Wertvorstellungen, Wünsche, Ängste und Potenziale. Außerdem widmet sich das Institut der Zukunfts- und Trendforschung sowie der Generationenethik.

Das Institut unterstützt Personalverantwortliche, Unternehmer und Entscheider durch umfassendes Analysieren und Optimieren des gesamten Personalprozesses, von Personalmarketing bis zur Personalbindung. Darüber hinaus bietet das Institut Keynote-Vorträge auf Firmenveranstaltungen sowie Workshops für Führungskräfte und Ausbilder an, die mit der Generation Z interagieren.

www.generation-thinking.de